# 2022 年濮阳市生态环境质量报告

河南省濮阳生态环境监测中心　编

黄河水利出版社

·郑州·

**图书在版编目（CIP）数据**

2022 年濮阳市生态环境质量报告 / 河南省濮阳生态
环境监测中心编 . —郑州：黄河水利出版社，2024.4
ISBN 978-7-5509-3878-6

Ⅰ . ① 2… Ⅱ . ①河… Ⅲ . ①区域生态环境 - 环境质
量评价 - 研究报告 - 濮阳 -2022 Ⅳ . ① X821.261.3

中国国家版本馆 CIP 数据核字（2024）第 083565 号

策划编辑：陶金志　电话：0371-66025273　E-mail：838739632@qq.com

责任编辑　郑佩佩　　　　　　　责任校对　岳晓娟
封面设计　黄瑞宁　　　　　　　责任监制　常红昕
出版发行　黄河水利出版社
　　　　　地址：河南省郑州市顺河路 49 号　邮政编码：450003
　　　　　网址：www.yrcp.com　E-mail：hhslcbs@126.com
　　　　　发行部电话：0371-66020550
承印单位　郑州耘田印务有限公司
开　　本　787 mm×1 092 mm　1/16
印　　张　12
字　　数　209 千字
版次印次　2024 年 4 月第 1 版　　2024 年 4 月第 1 次印刷
定　　价　139.00 元

# 前 言

2022 年，濮阳市生态环境系统坚持以习近平生态文明思想为指导，全面贯彻落实省、市决策部署，围绕污染防治攻坚，延伸深度、拓展广度，推动全市生态环境质量持续好转。

为全面反映濮阳市生态环境质量状况和生态环境保护工作，相关部门积极配合，编制了《2022 年濮阳市生态环境质量报告》。本书共计三篇十七章，运用科学的评价方法对各环境要素的现状进行了系统分析，研究结果真实地反映了当年生态环境质量状况、变化趋势及存在的问题，对加强生态环境保护工作具有重要的参考价值。

蓝图绘就千般景，奋楫扬帆万里程。我们要精准施策、靶向发力，凝聚攻坚合力持续做好生态环境保护工作，让蓝天碧水净土成为人民幸福生活的新常态，为全市生态环境质量改善作出不懈努力！

由于编者水平有限，书中难免存在不足与疏漏之处，恳请读者不吝赐教。

编　者

2024 年 2 月

# 目　录

## 第三篇　结论与建议

## 附　录　监测概况

# 第一篇 概况

# 第一章　自然环境概况

## 一、地理位置

濮阳市位于河南省东北部，黄河下游，冀、鲁、豫三省交界处。东南部与山东省济宁市、菏泽市隔河相望，东北部与山东省聊城市、泰安市毗邻，北部与河北省邯郸市相连，西部与河南省安阳市接壤，西南部与河南省新乡市相倚。地处北纬 35° 20′ 0″ ~ 36° 12′ 23″，东经 114° 52′ 0″ ~ 116° 5′ 4″，东西长 125 km，南北宽 100 km。全市总面积 4 188 km²。

## 二、地质地貌

濮阳的大地构造属华北地台，其辖区位于东濮凹陷之上。东濮凹陷夹在鲁西隆起区、太行山隆起带、秦岭隆起带大构造体系之间。东濮凹陷是一个以结晶变质岩系及其上地台构造层为基底，在新生代地壳水平拉张应力作用下逐渐裂解断陷而成的双断式凹陷，走向北窄南宽，呈琵琶状。该凹陷形成过程中，在古生界基岩上，沉积了一套巨厚以下第三系为主的中、新生界陆相沙泥岩地层，是油气生成与储存的极有利地区。

地貌系中国第三级阶梯的中后部，属于黄河冲积平原的一部分。濮阳的地势较为平坦，自西南向东北略有倾斜，海拔一般在 48 ~ 58 m。濮阳县西南滩区局部高达 61.8 m，清丰县巩营乡里直集西南高仅 44.2 m。平地约占全市面积的 70%，洼地约占全市面积的 20%，沙丘约占全市面积的 7%，水域约占全市面积的 3%。

## 三、水文

濮阳境内有河流 97 条，多为中小河流，分属于黄河、海河两大水系。过境河主要有黄河、金堤河和卫河。另外，较大的河流还有天然文岩渠、马颊河、潴龙河、徒骇河等。

黄河干流，自新乡市长垣市何寨村东入濮阳，流经濮阳县、范县、台前县的县南界，由台前县张庄村北出境，境内流长约 168 km，流域面积 2 487 km²，约占全市总面积的 54%。这段黄河水量比较丰富，是濮阳的主要过境水资源。

黄河年平均流量为 659 m³/s，年平均径流总量为 436.6 亿 m³。

卫河，源于太行山南麓的山西省陵川县（还有一种说法是源于辉县市百泉），自安阳市内黄县南善村北入濮阳市，流经清丰、南乐两县，于南乐县西崇町村东出境，入河北省再至山东省临清市入运河，境内流长 29.4 km，流域面积 380 km²。境内主要支流有硝河、加五支等。卫河年均径流总量为 27.47 亿 m³，平水年为 23.91 亿 m³，偏旱年为 14.29 亿 m³。

金堤河，黄河的一条支流，源于新乡市新乡县司张排水沟，自安阳市滑县五爷庙村入濮阳境，流经濮阳县、范县、台前县，于台前县吴坝乡张庄村北汇入黄河。境内流长 125 km，流域面积 1 750 km²，约占全市总面积的 42%。境内的主要支流有回木沟、三里店沟、五星沟、房刘庄沟、胡状沟、濮城干沟、孟楼河等。金堤河年平均流量为 5.26 m³/s，年平均径流量为 1.66 亿 m³。

马颊河，发源于濮阳县澶州坡，自西向东北流经濮阳县、华龙区、清丰县和南乐县，自南乐县西小楼村南出境，至山东省临清市穿大运河东北而去，注入渤海。境内流长 62.5 km，流域面积 1 150 km²，境内主要支流为潴龙河。年均流量为 2.47 m³/s，年均径流量为 0.7 亿 m³。

徒骇河，源自濮阳市清丰县瓦屋头镇，流经南乐县福堪乡寨肖家村，进入山东省聊城市莘县，在滨州市沾化县与秦口河汇流后，经东风港于暴风站入海。总流域面积 13 902 km²。

## 四、气候

濮阳市位于中纬地带，常年受东南季风环流的控制和影响，属暖温带半湿润大陆性季风气候。其特点是四季分明，春季干旱多风沙，夏季炎热雨量大，秋季晴和日照长，冬季干旱少雨雪。光辐射值高，能充分满足农作物一年两熟的需要。年平均气温为 13.3 ℃，年极端最高气温达 43.1 ℃，年极端最低气温为 -21 ℃。无霜期一般为 205 d。年平均日照时数为 2 454.5 h，平均日照百分率为 58%。年太阳辐射量为 11.83 cal/m²，年有效辐射量为 5.79 cal/m²。年平均风速为 2.7 m/s，常年主导风向是南风、北风。夏季多南风，冬季多北风，春秋两季风向、风速多变。年平均降水量为 502.3 ~ 601.3 mm。

## 五、土地土壤

濮阳市总面积 4 188 km²，其中耕地占 64.3%，人均 0.091 hm²（1.07 亩[①]）。

---

① 1 亩 =1/15 hm²，全书同。

其基本特征是：地势平坦，土层深厚，便于开发利用；垦殖率较高，但人均占有量少，后备资源匮乏。濮阳市土地开发利用历史悠久。绝大部分已开辟为农田，土地垦殖率 77.5%。除生产建设和生活用地外，宜农而尚未开垦的荒地已所剩无几。

濮阳市的土壤类型有潮土、风砂土和碱土 3 个土类 9 个亚类 15 个土属 62 个土种。潮土为主要土壤，占全市总面积的 97.2%，分布在除西北部黄河故道区外的大部分地区。潮土表层呈灰黄色，土层深厚，熟化程度较高，土体疏松，沙黏适中，耕性良好，保水保肥，酸碱适度，肥力较高，适合栽种多种作物，是农业生产的理想土壤。风砂土有半固定风砂土和固定风砂土 2 个亚类，主要分布在西北部黄河故道及华龙区、清丰县和南乐县的西部。风砂土养分含量少，理化性状差，漏水漏肥，不利于耕作，但适宜植树造林、发展园艺业。碱土只有草甸碱土 1 个亚类，主要分布在黄河背河洼地。碱土因碱性太强，一般农作物难以生长，改良后可种植水稻。

## 六、自然资源

### （一）动植物资源

境内常见的动物有 4 门 12 纲 39 目 85 科 200 多种。其中，脊椎动物（鱼类、爬行类、两栖类、鸟类、哺乳类等）有 5 纲 20 目 32 科；在野生动物中，兽类主要有野兔、狐狸、獾、鼠、黄鼬、刺猬等。1997 年调查濮阳市鸟类有 38 种，主要有鹊、雀、燕、猫头鹰、啄木鸟、布谷、鸽子、画眉等；水生动物主要有蛙、蟾、鱼、虾等；昆虫种类繁多，常见的有 11 目 45 科，害虫天敌有 9 目 44 科 70 种。

境内生存的植物除农作物外，尚有 118 科 381 属 1 200 余种。其中，蕨类植物 3 科 3 属 6 种，裸子植物 3 科 13 属 75 种，被子植物 112 科 365 属 1 120 余种，引进驯化植物达 630 种。境内植被组成成分丰富，孑遗、稀有植物较多。濮阳市天然林木甚少，基本为人造林，主要分布在黄河故道及背河洼地。

### （二）水资源

濮阳市属河南省比较干旱地区之一，水资源不多。地表径流靠天然降水补给，年均径流量为 1.86 亿 m³，径流深为 44.4 mm。境内浅层地下水资源量为 6.73 亿 m³，其中可开采资源量为 6.24 亿 m³。

在过境水中，引用黄河水的潜力最大。偏旱年份，全市可供利用的过境水总量为 8.54 亿 m³，平水年为 6.56 亿 m³，其中大部分是黄河水。

濮阳市地下水分布广泛，富水区和中等水区约占全市总面积的 70%。但近些年，由于大量开采地下水，年开采量大于补给量，导致地下水水位逐年下降。

（三）矿产资源

濮阳市地质因湖相沉积发育广泛，下第三系沉积很厚，对油气生成及储存极为有利。已知的主要矿藏是石油、天然气、煤炭，还有盐、铁、铝等。石油、天然气储量较为丰富，且质量好、经济价值高。濮阳市是中原油田的所在地。地质资料表明，最大储油厚度为 1 900 m，平均厚度 1 100 m，生油岩体积为 3 892 $km^3$。据其生油岩成熟状况、排烃及储盖条件，经多种测算方法估算，石油远景总资源量达十几亿吨，天然气远景资源量 2 000 亿～3 000 亿 $m^3$。本区石炭至二叠系煤系地层分布面积为 5 018.3 $km^2$，煤储量 800 多亿 t，盐矿资源储量初步探明 1 440 亿 t。铁、铝土矿因埋藏较深，其藏量尚未探明。

# 第二章　社会经济概况

## 一、历史沿革简介

濮阳古称帝丘，据传五帝之一的颛顼曾以此为都，故有帝都之誉。濮阳之名始于战国时期，因位于濮水之北而得名，是中国古代文明的重要发祥地之一，还是中国姓氏的重要起源地，卢、张、范、姚、秦、顾、孟、骆等姓氏均发源于此。在濮阳西水坡发掘出 3 组蚌砌龙、虎图墓葬。据测定，其年代距今 6 400 年左右，蚌壳龙被考古界公认为"中华第一龙"。因此，濮阳被中华炎黄文化研究会命名为"中华龙乡"。2012 年 2 月，濮阳被中国古都学会命名为"中华帝都"。

## 二、行政区划

1983 年 9 月 1 日，经国务院批准，撤销安阳地区，建立濮阳市，并将原安阳地区所辖滑县、长垣、濮阳、内黄、清丰、南乐、范县、台前 8 个县划归濮阳市。1985 年 12 月 30 日，经国务院批准，设立濮阳市市区。1986 年 1 月 18 日，濮阳市所辖滑县、内黄县划归安阳市，长垣县划归新乡市。2002 年 12 月 25 日，经国务院批准，濮阳市区更名为华龙区。至 2022 年底，濮阳市下辖濮阳县、清丰县、南乐县、范县、台前县和华龙区 5 县 1 区，设有 1 个国家级经济开发区、1 个工业园区和 1 个城乡一体化示范区。

## 三、人口

2022 年，濮阳市常住人口为 374.3 万人，平均人口密度约为 894 人/km²，城镇常住人口为 193.25 万人，城镇人口占总人口的比例（城镇化率）为 51.63%。第七次全国人口普查数据显示，濮阳市平均人口密度高于全国、全省平均水平。濮阳市人口基数大，平均人口密度较高，环境的压力较为突出。

## 四、经济发展

2022 年，面对错综复杂的外部环境、艰巨繁重的工作任务，全市上下坚持以习近平新时代中国特色社会主义思想为指导，在河南省委、省政府和濮阳市委的坚强领导下，完整、准确、全面贯彻新发展理念，统筹稳增长、促改革、调结构、惠民生、防风险各项工作，取得一系列突破性进展，形成一系列标志性成果，资源枯竭城市全面转型高质量发展，实现新跨越，为全面建设社会主义现代化濮阳奠定了坚实基础、积蓄了强大势能。

2022 年，濮阳市经济总体上保持平稳增长、持续恢复向好的发展态势，全年主要经济指标增速居全省前列。全市地区生产总值为 1 889.53 亿元，同比增长 4.9%，增速居全省第 5 位。第一产业增加值 239.42 亿元，同比增长 5.0%，居全省第 7 位；第二产业增加值 711.92 亿元，同比增长 7.6%，居全省第 1 位；第三产业增加值 938.19 亿元，同比增长 3.0%，居全省第 6 位。

## 五、城市建设

濮阳市先后荣获国家森林城市、中华龙乡、国家卫生城市、全国造林绿化十佳城市、全国无烟草广告城市、国家园林城市、全国创建文明城市工作先进城市、中国优秀旅游城市、首届中国人居环境范例奖、迪拜国际改善居住环境良好范例奖、国际花园城市金奖、全国文明城市等称号。濮阳市还是中国著名的杂技之乡，杂技已成为濮阳乃至河南走向世界的靓丽文化名片。2022 年，濮阳市成功举办第五届中国杂技艺术节等重大节会，《长空啸—浪桥飞人》荣获中国杂技金菊奖，《水秀》被推荐为"一带一路"文旅产业国际合作重点项目。

## 六、名胜古迹和历史文物

濮阳市历史悠久，为"颛顼遗都""澶渊旧郡"。全市共有各类不可移动文物 1 279 处，国家级文物保护单位 5 个（唐兀公碑、戚城遗址、颜村铺革命旧址、单拐革命根据地旧址、京杭大运河台前段），省级文物保护单位 25 个，市、县级重点文物保护单位 135 个。

## 七、交通

濮阳是河南的东北门户，是中原经济区重要出海通道，是豫鲁冀省际交会区域性中心城市。京九铁路、晋豫鲁铁路通道和郑濮济高铁濮阳段在此交会，大广高速、濮鹤高速、南林高速、濮范高速等多条高速贯穿境内，形成铁路、高速、国道、省道纵横交织，城乡公路四通八达，构建现代交通体系，人民群众出行更加便捷。2022 年，濮阳市交通枢纽体系加速形成。统筹推进高铁、高速、干线公路等基础设施建设，接续实施"交通建设十大工程"，"升"字形铁路网、"三纵三横"高速公路网、"九横七纵"干线公路网初步形成，全面实现县县通高速。打通断头路153条，开州路高速出口互通立交、绿城快速路一期等交通工程建成通车，百姓出行更加通畅。

# 第三章　生态环境保护概况

## 第一节　生态环境管理工作概况

2022 年，濮阳市生态环境局领导班子坚持以习近平生态文明思想为指导，全面贯彻落实省、市决策部署，围绕污染防治攻坚，以能力作风建设和清廉濮阳建设为统领，延伸深度、拓展广度，推动全市生态环境质量持续好转。

### 一、环境质量情况

（1）年度目标全面完成。大气方面，PM$_{2.5}$浓度 52 μg/m³，完成目标；PM$_{10}$浓度 76 μg/m³，好于省定目标 14 μg/m³；优良天数 243 d，超出省定目标。水环境方面，8 个国（省）控考核断面全部达到目标要求，西水坡、中原油田彭楼和李子园地下水井群 3 个市级集中式饮用水水源地水质均达到Ⅲ类，取水水质达标率为 100%。土壤方面，国控地下水监测点位数据稳定，农业面源污染监督指导工作持续推进，受污染耕地安全利用率和污染地块安全率稳定实现双 100%。农村污染治理方面，完成农村环境整治任务 80 个、国家监管的农村黑臭水体治理 7 条，达到考核要求。

（2）重大任务顺利达成。北京冬残奥会赛事期间，全市上下众志成城，PM$_{2.5}$浓度 56 μg/m³，在全省 8 个重点保障城市中位列第 1 位。冬季重污染天气联防联控期间，专班部署、精准减排，圆满完成党的二十大开闭幕式及保障期间工作目标。做好环保督察整改，2021 年中央环保督察交办的 71 个群众举报件、4 项整改任务实现"双清零"；2022 年，省委环保督察反馈的 49 项整改任务已完成整改 9 项，154 个群众举报案件全部办结。

（3）战略工程实现突破。编制《濮阳市黄河流域生态环境保护规划》，对黄河流域生态保护重点任务实施台账管理。发布濮阳市"三线一单"实施方案，推动黄河流域生态保护红线、环境质量底线、自然资源利用上线和生态环境准入清单落地见效。深化减污降碳，有序推动碳达峰、碳中和，印发《濮阳市减污降碳协同增效行动方案》，制定了碳排放强度控制机制，对豫能发电、濮阳热电实施全国碳市场配额管理。推动无废建设，锚定建设全国固废资源化城市技术高地、全国固废产业化基地目标，对照"无废城市"建设指标体系，明确方向、细化措施。2022年5月1日，《濮阳市不可降解塑料制品管理条例》正式颁布实施，全面推进不可降解塑料制品替代进度。

## 二、重点工作情况

（1）攻坚工作有力实施。打好蓝天保卫战，出台《濮阳市扬尘污染防治条例》，有效破解扬尘污染防治难题。发挥"一市一策"驻点专家力量，科学应对VOCs和臭氧污染治理。深化绩效分级，认定民生保障类企业73家、省级重大项目原材料保障企业9家，新增18家绩效评级先进型企业。科学应对重污染天气，考虑民生需求，不实行机动车限号，先后启动6次重污染天气预警响应，改善效果明显。打好碧水保卫战，深化集中式饮用水水源地专项排查，发现问题立行立改，实现"动态清零"。在全省率先建立县区间生态补偿机制，每月兑现奖惩，开创水污染防治全新局面。强化汛期水污染防治，盯紧入河排污口，科学引水调水，确保水环境质量平稳可控。打好净土保卫战。将40家单位纳入土壤污染重点监管名单，完成53个重点建设用地地块和1个疑似污染地块土壤污染状况调查，确保建设用地安全利用。实施中原油田采油区土壤污染状况调查项目，摸清污染状况，完成5个化工园区和1个生活垃圾填埋场地下水污染状况调查，编制3个国控地下水考核点位水质达标方案，确保地下水安全稳定。

（2）服务大局不断深入。持续优化营商环境，深化"放管服"改革，印发实施《濮阳市生态环境局关于进一步深化环评与排污许可"放管服"改革的通知》，完成审批报告书项目49个，报告表项目10个。做好执法监管正面清单管理，对正面清单内的企业实施非现场监管。2022年以来移出企业14家，新增企业13家，纳入正面清单监管企业名单240家。推进柔性执法，印发《濮阳市生态环境局不予行政处罚事项清单》等4项清单，办理免罚案件12件。坚持"项目为王"，聚焦污染防治攻坚，科学谋划重大项目，积极争取上级资金，为全市生态环境保护工作保驾护航。争取中央和省资金近2.6亿元，其中省财政厅补贴濮阳市清洁取暖运营资金7 185万元，仅次于安阳市，位列全省第二。

（3）重点工作稳步推进。坚持依法治污，严厉打击恶意环境违法行为，2022年全市各级生态环境综合行政执法机构共立案236件，罚款965万元，查封扣押4起，移送行政拘留1起，移送刑事案件3起，其中市支队立案处罚 39 件，罚款 272 万元，查封扣押 1 起，移送行政拘留 1 起。切实维护群众合法权益，与企业面对面交流、点对点建言，2022 年共组织开展"企业服务日"活动 12 次，市本级共参加企业 818 余家次，现场和跟踪解决问题108 个。高标准完成人大建议、政协提案办理，创新方式方法，确保取得实效，共办理人大建议 7 件、政协提案 8 件，满意率 100%。此外，全力配合做好法治政府建设、安全生产、脱贫攻坚、扫黑除恶、基层减负、乡村振兴战略等各项工作。

### 三、党的建设情况

（1）抓好政治建设。坚持民主集中制，坚持党组书记末位表态制，对政策性、全局性问题，经党组研究、充分论证后，集体决策，持续营造步调一致、齐心谋事的和谐氛围。建立党组、驻局纪检监察组联席会议制度，明确职责定位、规范程序，推动局党组会和局长办公会科学决策，有效防范"三重一大"事项风险隐患，进一步增强集体决策的科学性、民主性、透明性。按要求开展年度民主生活会，党组成员全部以普通党员身份参加各党支部组织生活会。严格执行重大事项请示报告制度，2022 年共向省生态环境厅、市委、市政府组织部等请示 65 次。

（2）深化思想建设。认真落实党组中心组理论学习、党组"第一议题"、干部"夜校"等制度，科学制定了学习计划，分专题、分领域、分阶段反复学、系统学、深入学，做到入脑入心。2022 年，开展了党组中心组理论学习 8 次、专题讨论 4 次、干部"夜校"学习 55 次。用好意识形态工作研判机制，每季度定期研判分析。妥善处理突发舆情事件，办结信访来信 7 件，答复网民留言、回复热点 160 余条。以门户网站、濮阳环境"两微三号"为阵地，积极宣传习近平生态文明思想及环保政策，累计发布信息 5 200 余条，阅读量达 320 余万人次。

（3）夯实组织建设。严格落实"三会一课"、党员民主生活会、民主评议党员、党员领导干部双重组织生活等制度。撤销原机关第三党支部，成立监控中心党支部及辐射中心党支部，不断健全基层党组织架构。及时调整机关第一、第二党支部支委，按期完成监测中心党支部、离退休党支部换届选举工作。严格党员管理，2022 年通过全国党员信息系统共转入党员 3 名，转出党员 4 名，发展预备党员 1 名。做好标准化、规范化党支部和机关事业单位"五星"党支部创建，激励基层党组织和党员在治污攻坚、疫情防控、文明城市创建中发挥先锋模范和战斗堡垒作用。抓好干部队伍建设，树立鲜明用人导向，营造干事创业的良好氛围。

（4）强化作风建设。印发濮阳市生态环境局能力作风建设实施方案，细化工作举措。严格落实基层减负要求，精简会议发文，规范调查研究。领导干部带头树立良好家风，管好家属和身边工作人员，严格按照规章制度办事，做到踏踏实实上班、清清白白做人。党组书记带头在全市生态环境系统讲"喜迎二十大"专题党课，教育引导党员干部进一步强化作风建设、奋力干事创业。坚决杜绝官僚主义、形式主义，认真开展自查自纠，坚决查处不作为、假作为、乱作为的典型人和事，推动作风建设走深走实。

（5）严格纪律建设。坚持制度管人管事工作导向，严肃考核运用。开展警示教育，做到警钟长鸣。印发《濮阳市生态环境局党组与驻局纪检监察组联席会议制度（试行）》《濮阳市生态环境局印章管理办法》等规章制度，扎紧制度笼子。2022年共组织召开党组、驻局纪检组联席办公会议5次，研判、部署、落实重大事项15件。强化日常监督，严格落实谈心谈话制度，党组书记开展谈心谈话活动6次，党组成员开展谈心谈话活动20余次。调整增补机关纪委委员2名，健全机关纪委，确保机关纪委"监督末梢"作用充分发挥。

# 第二节　生态环境监测工作概况

2022年，河南省濮阳生态环境监测中心深入贯彻习近平生态文明思想，按照省、市生态环保工作决策部署，以改善驻市环境质量为目标，变压力为动力、抢先机开新局，着力做好重塑性改革、短板补齐、智慧转型、新领域监测、质量管理、党风廉政建设等6个方面重点工作，不断提升环境监测能力，扎实开展环境监测各项工作。

## 一、抓班子、带队伍，全面贯彻执行党的方针政策

（1）以优化组织建设为核心，不断强化凝聚力。一是建强支部班子。按照机关党委工作部署，结合工作实际，党支部完成换届选举，按差额选举办法产生委员会成员，第一时间组织班子成员学习《中国共产党支部工作条例（试行）》，明确支部及班子成员主要职责，不断提升党支部的领导核心作用。二是刚性落实制度。坚持每月开展主题党日活动。严格按要求抓好"三会一课"，2022年共召开支委会议12次、党员大会4次、党小组会12次，开展支部书记上党课3次，开展专题学习研讨活动3次。三是严抓党员教育

管理。持续开展党的宗旨、革命传统、形势政策等不同内容的政治教育，严格抓好党员考评工作，采用党员自评、党员互评、组织定评等方式，每季度对党员综合表现进行评定。

（2）以加强思想建设为引领，不断强化理论武装。一是坚定理想信念。先后组织观看红色电影，引导党员干部进一步坚定共产主义远大理想和中国特色社会主义共同理想。二是强化理论武装。抓好《习近平生态文明思想学习纲要》《习近平谈治国理政》第四卷等纲领性书目的精研细读。三是加强党性教育。先后在中原油田发现井、孙健初故居纪念馆、濮阳白堽黄河公路大桥及黄河民俗博物馆等地组织现场教学，激发党员干部弘扬光荣传统的思想自觉和行动自觉。

（3）以办好民生实事工作为抓手，不断强化载体创新。一是凝心聚力，统筹安排，筑牢为民服务基础。制定了《"我为群众办实事"实践活动工作方案》，结合 2022 年"六五"环境日系列活动，赴龙湖论语广场开展"绿色出行·骑乐减碳"系列活动，向行人现场展示环境应急监测仪器，发放各类宣传资料和环保用品，宣传解答生态环境保护知识及法律法规。二是整合资源，优化模式，搭建为民服务平台。发挥河南省"十佳环保设施开放单位"社会影响作用，邀请小学生走进中心实验室，为孩子们播种环保理念。三是强化力度，打通为民服务"最后一米"。坚持监测服务进社区，全年为社区居民免费监测饮用水和室内空气质量共计 50 余次。

## 二、统筹推进各项监测工作，圆满完成各项任务

（1）加强空气质量监测，协力打赢蓝天保卫战。一是做好国控空气站管理与实时监控。每日监控国控空气站数据情况。对每日数据审核及数据复核，与运维（运行维护，简称运维）公司沟通前一日设备运行状况、数据有效性状况，根据实际情况上报中国环境监测总站。对沙尘天气进行分析，全年共上报 16 d 沙尘影响数据。二是加强省控站数据审核工作。每日对 12 个省控站的数据进行复核，另外根据省中心安排不定期开展运维质量抽查。三是主动开展空气质量预报预警。每天与气象部门会商研判未来 5 d 驻市环境空气质量，全年完成《濮阳市环境空气质量预报》365 期。

（2）加强水环境质量监测，助力水污染防治攻坚。一是地表水责任目标和水环境质量监测方面：完成了每月 1 次的国、省控和县级地表水断面排名监测及加密监测，上报有效监测数据 4 320 个；完成了每季度一次的市控地表水监测，上报有效监测数据 4 128 个；完成了每季度 1 次的城市黑臭水

体监测，上报有效监测数据 48 个。二是集中式饮用水水源地及地下水监测方面：对 3 个城市集中饮用水水源地和 7 个县级饮用水水源地开展水质监测，城市集中饮用水水源地水质达标率为 100%，对 9 个城市地下水开展水质监测，共上报有效监测数据 3 902 个。

（3）加强自动站运维保障，确保数据传输真实可靠。一是完成"京津冀及周边区域颗粒物"组分网自动监测保障工作。二是每月完成市局国控空气自动站手工比对工作，全年共完成比对报告 12 期。三是完成国、省控水环境质量自动站质量考核，市控水环境质量自动站运行管理，形成国控站点手工比对报告 12 期，省控站点比对、核查报告 22 期，市控水站考核报告 4 期。四是完成 VOCs 自动监测站的日常运维监督和质量检查工作。全年总站和省中心对 VOCs 日常运维、数据审核和故障处理及消防安全检查共计 6 次。五是完成乡镇空气站的年度抽查任务，抽检站点 23 个。六是完成国、省、市控业务平台升级维护离线、掉线数据延迟等工作 35 次。

（4）加强重点排污单位执法监测，助力污染防治攻坚。按照省厅监测方案要求，研究工作措施，制定了专项工作方案，抽调专业人员负责开展推进此项工作，确定 55 家重点排污单位名单，完成全部执法监测工作。

（5）加强农村环境质量、噪声、土壤监测，强化监管支撑能力建设。一是完成农村环境空气、农村万人千吨饮用水水源地、农村县域河流、农业面源、农田灌溉水质、农村黑臭水体、农村生活污水处理设施出水水质、农村土壤等环境质量监测，共上报有效监测数据 21 780 个。二是完成 4 个季度的城市功能区噪声监测工作，上报有效数据 6 336 个；完成区域噪声监测工作，上报有效数据 696 个；完成交通噪声监测工作，上报有效数据 312 个。三是完成降水、城区降尘点位监测工作，以及乡镇降尘数据统计上报工作，共上报有效监测数据 2 172 个。四是完成国家监测网环境质量和风险点 26 个点位土壤样品的核查、采集和送样工作。

（6）加强环境监测应急演练，守好生态环境安全底线。一是按照《河南省突发环境事件应急预案》《濮阳市突发环境事件应急预案》文件要求，编制《河南省濮阳生态环境监测中心突发环境事件应急监测预案》。二是按照《河南省加强黄河流域生态环境应急监测能力建设专项行动方案》的要求，作为黄河流域 6 个专项行动之一，高度重视，组织开展"2022 年黄河流域危险化学品泄漏事故应急监测演练"，锻炼了人员分工协作能力和应急应对能力。三是积极配合濮阳工业园区和经开区开展 3 次生产安全事故应急演练，共出动应急演练人员 25 人次，应急监测车辆 3 台，应急监测设备 30 余台套。

（7）认真编写环境质量报告，持续提升综合分析评价能力。一是按时完成《2021 年濮阳市环境监测年鉴》《2021 年濮阳市生态环境质量概要》《2021 年濮阳市生态环境质量报告书》等编制工作。其中，《2021 年濮阳市生态环境质量报告书》在全国报告书质量检查中位居全省第 5 名。二是《2022 年濮阳市环境质量月报》（第 3 期和第 8 期）获得濮阳市主要领导（市委书记、市长、主管副市长）签批及指示，体现了市领导对环境质量形势变化的持续重视和对环境质量综合评价工作的认可。

（8）注重质量管理，不断提高监测数据质量。一是完成 2022 年濮阳市环境监测质量保证、期间核查、质量监督计划等质量管理文件的起草、下发，对质量管理工作全面总结，编写年度质量保证报告。二是完成对各类监测数据、报告的交接登记，共计存档 251 份。三是为迎接市场监督管理局"双随机"检查，加强科室间的协调联动，确保实效，从人、机、料、法、环、测全方位多维度保障检查顺利通过。

### 三、不断拓展监测领域，切实提高技术支撑水平

一是拓展地下水监测能力，为水资源管理和保护提供有力支撑。根据《河南省地下水监测现状调查省级质控工作方案》对驻市所涉 11 块区域地下水监测点位进行了核查。协助河南省地质调查院重新收集了产业聚集区规划环评、工业企业的排污许可证和地下饮用水水源地规划；赴台前县、范县、濮阳县、开发区等 40 个地下水监测井进行了地理坐标核查，对监测井的现状进行了现场调查。二是拓展水生态监测能力，推进水环境治理，探索水生态修复。在现有微生物监测的基础上，积极谋划开展黄河流域水生生物种类监测，同时为开拓水中生物多样性观测等业务，向中国环境监测总站申报国家生态质量监测网生态综合监测站。

### 四、加强产学研深度融合，积极开展环保科技攻关

一是成功与北京师范大学环境学院举行实习基地揭牌暨战略协议签订仪式，组织实习学生开展黄河国考断面现场教学、国电等大型企业实地参观、监测数据综合分析和报告编制培训等活动，还编制了具有指导意义的实习手册。二是依据濮阳市以石油化工为主导产业的城市特点和大气挥发性有机物监测结果，针对挥发性有机物开展科研攻关，目前已经完成报告编制并向濮阳市科学技术局提交验收申请。

### 五、以创建文明单位为载体，谋实事、树形象

2022 年，为巩固单位精神文明建设成果，以创建文明单位为载体，积极谋划并认真开展了一批设施建设。一是做好安全生产工作。成立专项小组对单位进行全方位的安全风险隐患排查，并针对发现的问题及时完成整改。二是改造和新建配套设施，优化办公环境。对暖气设施进行更新和改造，新建 1 座电动自行车车棚及充电装置，新增 2 台电动汽车交流充电桩。三是新增文体设施建设，丰富职工业余生活。充分利用楼道和走廊空间，打造了生态环境监测科普长廊和中国名家作品文化墙。新建图书阅览室和职工活动室。四是整合资源，扩展实验室空间。通过优化办公布局，新建有机物和重金属实验室，扩大实验室面积 100 m$^2$。

此外，为认真贯彻落实省委、省政府"万人助万企"活动决策部署，在省企业服务办、省工作专班的具体指导和濮阳市专班的支持配合下，抽调专人走访企业并帮助解决实际问题，有力推动了驻市"万人助万企"活动的深入开展。

# 第三节　生态环境监测质量保证工作概况

数据质量是生态环境监测的生命线，2022 年狠抓管理体系运行，不断规范监测行为，提高监测技术水平，全中心监测人员质量意识、体系运行情况良好，有力保障了全市生态环境监测数据的质量。

### 一、管理体系规范运行与持续改进

2022 年，管理体系及运行基本符合《检验检测机构资质认定能力评价检验检测机构通用要求》（RB/T 214—2017）、《检验检测机构资质认定生态环境监测机构评审补充要求》的要求，能适应环境监测工作，质量方针在环境监测工作中得到执行，质量目标均达到要求。通过管理体系内部审核，对管理体系中的不符合项进行了整改；通过管理评审，对管理体系文件进行必要的修订，确保了管理体系的有效运行和持续改进。

### 二、生态环境监测质量保证和质量控制

为了确保监测数据的真、准、全，须定计划、督执行、严把数据质量关。2022 年累计完成全程序空白样品分析 1 389 个、平行样品分析 7 410 个（密

码平行样品 3 675 个、实验室平行样品 3 735 个），完成加标回收样品 1 429 个，发放质控样品 506 个，质控结果全部合格。

### 三、加强人员培训和持证上岗

高度重视人员培训工作，制定出台《河南省濮阳生态环境监测中心员工培训规定》，积极参加各类线上培训和线下培训，2022 年累计组织或参加学习 34 期，培训人员 428 人次。通过培训，监测人员业务技术水平得到提高，为服务污染防治攻坚奠定了坚实基础。

2022 年，31 人顺利通过了河南省生态环境监测和安全中心组织的持证上岗考核，考核项次共计 672 项；另外，组织完成对县（区）站 51 人、647 项次的持证上岗考核工作。通过考核，监测人员的理论水平和操作技能得到检验，为准确、规范开展监测工作打下了良好基础。

### 四、能力验证

2022 年，参加中国环境监测总站、河南省市场监督管理局和河南省生态环境监测和安全中心组织开展的共计 7 次 20 个项目的能力考核，组织开展县（区）环境监测站能力考核，考核结果均为满意。

# 第二篇

# 生态环境质量状况及其变化趋势

# 第一章　环境空气质量

## 第一节　评价标准与方法

### 一、评价标准

PM$_{10}$、PM$_{2.5}$、二氧化硫、二氧化氮、一氧化碳、臭氧评价标准采用《环境空气质量标准》（GB 3095—2012）及《环境空气质量标准》（GB 3095—2012IXGI—2018）第 1 号修改单。

### 二、评价方法

#### （一）单因子评价

按照《环境空气质量标准》（GB 3095—2012）、《环境空气质量标准》（GB 3095—2012IXGI—2018）第 1 号修改单、《环境空气质量评价技术规范（试行）》（HJ 663—2013）对参与评价的因子进行类别评价。

#### （二）定性评价

采用环境空气质量指数法和二级标准达标情况评价法。

#### （三）级别评价

采用最大单因子级别法。

### 三、评价因子

单因子、综合评价选取 PM$_{10}$、PM$_{2.5}$、二氧化硫、二氧化氮、一氧化碳、臭氧。

## 第二节　现状评价

除特殊说明外，本节采用未扣除沙尘影响数据开展评价。

## 一、单因子评价

### （一）城市

1.PM$_{10}$

2022 年，濮阳市城市环境空气中 PM$_{10}$ 浓度日均值范围在 14 ~ 345 μg/m³，浓度日均值二级标准达标率为 92.6%。全市 4 个点位 PM$_{10}$ 浓度日均值二级标准达标率均未达到 100%，介于 88.7% ~ 92.9%。

濮阳市城市环境空气中 PM$_{10}$ 浓度年均值为 79 μg/m³，超过二级标准。市环保局、濮水河管理处、油田运输公司、油田物探公司 4 个点位 PM$_{10}$ 浓度年均值均超过二级标准，见表 2-1-1。

表 2-1-1　2022 年 PM$_{10}$ 监测浓度及评价结果

| 测点名称 | 日均值评价 | | | | 年均值评价 | | 第 95 百分位数评价 | |
|---|---|---|---|---|---|---|---|---|
| | 最小值 /（μg/m³） | 最大值 /（μg/m³） | 有效监测天数 /d | 达标率 /% | 浓度 /（μg/m³） | 类别 | 浓度 /（μg/m³） | 类别 |
| 市环保局 | 13 | 338 | 362 | 92.8 | 75 | 超二级 | 165 | 超二级 |
| 濮水河管理处 | 9 | 329 | 359 | 92.8 | 74 | 超二级 | 166 | 超二级 |
| 油田运输公司 | 14 | 387 | 355 | 88.7 | 90 | 超二级 | 182 | 超二级 |
| 油田物探公司 | 12 | 344 | 351 | 92.9 | 80 | 超二级 | 172 | 超二级 |
| 濮阳市 | 14 | 345 | 365 | 92.6 | 79 | 超二级 | 170 | 超二级 |

2. PM$_{2.5}$

2022 年，濮阳市城市环境空气中 PM$_{2.5}$ 浓度日均值范围在 4 ~ 309 μg/m³，浓度日均值二级标准达标率为 81.4%。全市 4 个点位 PM$_{2.5}$ 浓度日均值二级标准达标率介于 80.4% ~ 82.0%。

濮阳市城市环境空气中 PM$_{2.5}$ 浓度年均值为 53 μg/m³，超过二级标准。市环保局、濮水河管理处、油田运输公司、油田物探公司 4 个点位 PM$_{2.5}$ 浓度年均值均超过二级标准，见表 2-1-2。

3. 二氧化硫

2022 年，濮阳市城市环境空气中二氧化硫浓度日均值范围在 2 ~ 45 μg/m³，浓度日均值二级标准达标率为 100%。全市 4 个点位二氧化硫浓度日均值二级标准达标率均为 100%。

表 2-1-2　2022 年 $PM_{2.5}$ 监测浓度及评价结果

| 测点名称 | 日均值评价 | | | | 年均值评价 | | 第 95 百分位数评价 | |
|---|---|---|---|---|---|---|---|---|
| | 最小值 / $(\mu g/m^3)$ | 最大值 / $(\mu g/m^3)$ | 有效监测天数 /d | 达标率 /% | 浓度 / $(\mu g/m^3)$ | 类别 | 浓度 / $(\mu g/m^3)$ | 类别 |
| 市环保局 | 4 | 289 | 357 | 81.2 | 53 | 超二级 | 138 | 超二级 |
| 濮水河管理处 | 3 | 308 | 362 | 82.0 | 51 | 超二级 | 130 | 超二级 |
| 油田运输公司 | 4 | 316 | 355 | 80.6 | 55 | 超二级 | 141 | 超二级 |
| 油田物探公司 | 3 | 322 | 341 | 80.4 | 55 | 超二级 | 141 | 超二级 |
| 濮阳市 | 4 | 309 | 365 | 81.4 | 53 | 超二级 | 134 | 超二级 |

　　濮阳市城市环境空气中二氧化硫浓度年均值为 10 $\mu g/m^3$，达到一级标准。市环保局、濮水河管理处、油田运输公司、油田物探公司 4 个点位二氧化硫浓度年均值均达到一级标准，见表 2-1-3。

表 2-1-3　2022 年二氧化硫监测浓度及评价结果

| 测点名称 | 日均值评价 | | | | 年均值评价 | | 第 98 百分位数评价 | |
|---|---|---|---|---|---|---|---|---|
| | 最小值 / $(\mu g/m^3)$ | 最大值 / $(\mu g/m^3)$ | 有效监测天数 /d | 达标率 /% | 浓度 / $(\mu g/m^3)$ | 类别 | 浓度 / $(\mu g/m^3)$ | 类别 |
| 市环保局 | 3 | 57 | 365 | 100 | 9 | 一级 | 20 | 一级 |
| 濮水河管理处 | 2 | 22 | 364 | 100 | 9 | 一级 | 17 | 一级 |
| 油田运输公司 | 1 | 65 | 363 | 100 | 10 | 一级 | 26 | 二级 |
| 油田物探公司 | 1 | 47 | 360 | 100 | 11 | 一级 | 23 | 二级 |
| 濮阳市 | 2 | 45 | 365 | 100 | 10 | 一级 | 21 | 二级 |

　　4. 二氧化氮

　　2022 年，濮阳市城市环境空气中二氧化氮浓度日均值范围在 7 ~ 725 $\mu g/m^3$，浓度日均值二级标准达标率为 100%。全市 4 个点位二氧化氮浓度日均值二级标准达标率均为 100%。

　　濮阳市城市环境空气中二氧化氮浓度年均值为 25 $\mu g/m^3$，达到二级标准。市环保局、濮水河管理处、油田运输公司、油田物探公司 4 个点位二氧化氮浓度年均值均达到二级标准，见表 2-1-4。

表 2-1-4 2022 年二氧化氮监测浓度及评价结果

| 测点名称 | 日均值评价 | | | | 年均值评价 | | 第 98 百分位数评价 | |
|---|---|---|---|---|---|---|---|---|
| | 最小值 /（μg/m³) | 最大值 /（μg/m³) | 有效监测天数 /d | 达标率 /% | 浓度 /（μg/m³) | 类别 | 浓度 /（μg/m³) | 类别 |
| 市环保局 | 8 | 78 | 363 | 100 | 25 | 二级 | 58 | 超二级 |
| 濮水河管理处 | 6 | 65 | 364 | 100 | 25 | 二级 | 54 | 超二级 |
| 油田运输公司 | 6 | 77 | 357 | 100 | 26 | 二级 | 58 | 超二级 |
| 油田物探公司 | 6 | 69 | 356 | 100 | 25 | 二级 | 56 | 超二级 |
| 濮阳市 | 7 | 72 | 365 | 100 | 25 | 二级 | 55 | 超二级 |

5. 一氧化碳

2022 年，濮阳市城市环境空气中一氧化碳浓度日均值范围在 0.2 ~ 1.7 mg/m³，浓度日均值二级标准达标率为 100%。全市 4 个点位一氧化碳浓度日均值二级标准达标率均为 100%。

市环保局、濮水河管理处、油田运输公司、油田物探公司 4 个点位的第 95 百分位数一氧化碳浓度日均值均达到二级标准，见表 2-1-5。

表 2-1-5 2022 年一氧化碳监测浓度及评价结果

| 测点名称 | 日均值评价 | | | | 第 95 百分位数评价 | |
|---|---|---|---|---|---|---|
| | 最小值 /（mg/m³) | 最大值 /（mg/m³) | 有效监测天数 /d | 达标率 /% | 浓度 /（mg/m³) | 类别 |
| 市环保局 | 0.2 | 1.7 | 361 | 100 | 1.2 | 二级 |
| 濮水河管理处 | 0.2 | 1.8 | 364 | 100 | 1.2 | 二级 |
| 油田运输公司 | 0.2 | 1.9 | 358 | 100 | 1.2 | 二级 |
| 油田物探公司 | 0.1 | 1.6 | 359 | 100 | 1.1 | 二级 |
| 濮阳市 | 0.2 | 1.7 | 365 | 100 | 1.2 | 二级 |

6. 臭氧

2022 年，濮阳市城市环境空气中臭氧日最大 8h 均值浓度范围在 12 ~ 252 μg/m³，浓度二级标准达标率为 86.0%。全市 4 个点位臭氧最大 8h 均值浓度二级标准达标率均未达到 100%，介于 82.7% ~ 91.6%。

濮水河管理处点位的第 90 百分位数浓度达到二级标准，市环保局、油田运输公司、油田物探公司 3 个点位的第 90 百分位数浓度均超过二级标准，见表 2-1-6。

表 2-1-6　2022 年臭氧最大 8 h 均值监测浓度及评价结果

| 测点名称 | 日均值评价 | | | | 第 90 百分位数评价 | |
| --- | --- | --- | --- | --- | --- | --- |
| | 最小值 /<br>（μg/m³） | 最大值 /<br>（μg/m³） | 有效监<br>测天数 /d | 达标率 /<br>% | 浓度 /<br>（μg/m³） | 类别 |
| 市环保局 | 12 | 244 | 360 | 87.5 | 167 | 超二级 |
| 濮水河管理处 | 10 | 234 | 356 | 91.6 | 158 | 二级 |
| 油田运输公司 | 12 | 259 | 358 | 82.7 | 171 | 超二级 |
| 油田物探公司 | 10 | 271 | 359 | 83.6 | 175 | 超二级 |
| 濮阳市 | 12 | 252 | 365 | 86.0 | 168 | 超二级 |

## （二）县（区）

### 1.PM$_{10}$

2022 年，濮阳市 9 个县（区）PM$_{10}$ 浓度日均值二级标准达标率均未达到 100%，介于 89.8% ~ 94.7%，年浓度均值评价类别均超过二级标准，见图 2-1-1 和表 2-1-7。

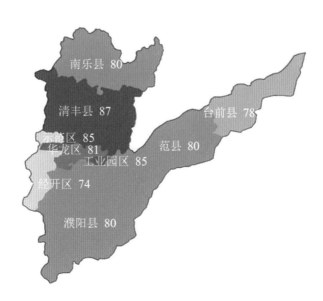

图 2-1-1　县（区）PM$_{10}$ 年均浓度分布　（单位：μg/m³）

表 2-1-7　2022 年濮阳市各县（区）PM₁₀ 监测浓度及评价结果

| 县（区）名称 | 日均值评价 | | | | 年均值评价 | | 第 95 百分位数评价 | |
|---|---|---|---|---|---|---|---|---|
| | 最小值 / (μg/m³) | 最大值 / (μg/m³) | 有效监测天数 /d | 达标率 /% | 浓度 / (μg/m³) | 类别 | 浓度 / (μg/m³) | 类别 |
| 华龙区 | 14 | 351 | 365 | 92.6 | 81 | 超二级 | 173 | 超二级 |
| 经开区① | 9 | 329 | 359 | 92.8 | 74 | 超二级 | 166 | 超二级 |
| 工业园区 | 18 | 363 | 352 | 89.8 | 85 | 超二级 | 177 | 超二级 |
| 示范区② | 13 | 379 | 354 | 90.7 | 85 | 超二级 | 179 | 超二级 |
| 濮阳县 | 12 | 337 | 365 | 92.9 | 80 | 超二级 | 167 | 超二级 |
| 清丰县 | 13 | 347 | 365 | 90.1 | 87 | 超二级 | 192 | 超二级 |
| 南乐县 | 11 | 316 | 364 | 92.0 | 80 | 超二级 | 164 | 超二级 |
| 范县 | 10 | 306 | 363 | 91.5 | 80 | 超二级 | 168 | 超二级 |
| 台前县 | 13 | 267 | 360 | 94.7 | 78 | 超二级 | 153 | 超二级 |

**注：** ①指濮阳经济技术开发区，简称经开区；②指城乡一体化示范区，简称示范区。

**2.PM₂.₅**

2022 年，濮阳市 9 个县（区）PM₂.₅ 浓度日均值二级标准达标率均未达到 100%，达标率介于 81.1% ～ 86.4%，年浓度均值评价类别均超过二级标准，见图 2-1-2 和表 2-1-8。

图 2-1-2　县（区）PM₂.₅ 年均浓度分布　（单位：μg/m³）

表 2-1-8　2022 年濮阳市县（区）PM<sub>2.5</sub>监测浓度及评价结果

| 县（区）名称 | 日均值评价 | | | | 年均值评价 | | 第 95 百分位数评价 | |
|---|---|---|---|---|---|---|---|---|
| | 最小值 /（μg/m³） | 最大值 /（μg/m³） | 有效监测天数 /d | 达标率 / % | 浓度 /（μg/m³） | 类别 | 浓度 /（μg/m³） | 类别 |
| 华龙区 | 4 | 309 | 365 | 81.1 | 54 | 超二级 | 138 | 超二级 |
| 经开区 | 3 | 308 | 362 | 82.0 | 51 | 超二级 | 130 | 超二级 |
| 工业园区 | 7 | 276 | 345 | 83.5 | 48 | 超二级 | 118 | 超二级 |
| 示范区 | 5 | 290 | 346 | 85.5 | 47 | 超二级 | 128 | 超二级 |
| 濮阳县 | 4 | 301 | 365 | 85.2 | 46 | 超二级 | 122 | 超二级 |
| 清丰县 | 6 | 268 | 364 | 82.4 | 47 | 超二级 | 125 | 超二级 |
| 南乐县 | 6 | 314 | 364 | 84.6 | 49 | 超二级 | 137 | 超二级 |
| 范县 | 6 | 199 | 365 | 84.4 | 47 | 超二级 | 126 | 超二级 |
| 台前县 | 4 | 189 | 352 | 86.4 | 45 | 超二级 | 124 | 超二级 |

3. 二氧化硫

2022 年，濮阳市 9 个县（区）二氧化硫浓度日均值二级标准达标率均为 100%，年浓度均值评价类别均达到一级标准，见图 2-1-3 和表 2-1-9。

图 2-1-3　县（区）二氧化硫年均浓度分布　（单位：μg/m³）

表 2-1-9　2022 年濮阳市县（区）二氧化硫监测浓度及评价结果

| 县（区）名称 | 日均值评价 | | | | 年均值评价 | | 第 98 百分位数评价 | |
|---|---|---|---|---|---|---|---|---|
| | 最小值 /（μg/m³） | 最大值 /（μg/m³） | 有效监测天数 /d | 达标率 /% | 浓度 /（μg/m³） | 类别 | 浓度 /（μg/m³） | 类别 |
| 华龙区 | 2 | 53 | 365 | 100 | 10 | 一级 | 23 | 二级 |
| 经开区 | 2 | 22 | 364 | 100 | 9 | 一级 | 17 | 一级 |
| 工业园区 | 2 | 108 | 361 | 100 | 13 | 一级 | 36 | 二级 |
| 示范区 | 4 | 52 | 363 | 100 | 10 | 一级 | 19 | 一级 |
| 濮阳县 | 4 | 34 | 365 | 100 | 10 | 一级 | 18 | 一级 |
| 清丰县 | 3 | 30 | 365 | 100 | 10 | 一级 | 21 | 二级 |
| 南乐县 | 2 | 52 | 365 | 100 | 11 | 一级 | 35 | 二级 |
| 范县 | 2 | 67 | 365 | 100 | 9 | 一级 | 27 | 二级 |
| 台前县 | 2 | 31 | 364 | 100 | 9 | 一级 | 26 | 二级 |

4. 二氧化氮

2022 年，濮阳市 9 个县（区）二氧化氮浓度日均值二级标准达标率在 100%，年浓度均值评价类别均达到二级标准，见图 2-1-4 和表 2-1-10。

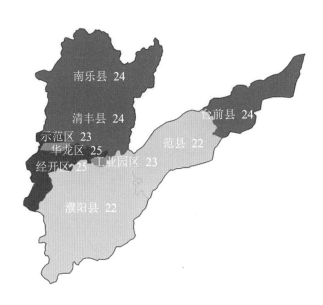

图 2-1-4　县（区）二氧化氮年均浓度分布　（单位：μg/m³）

表 2-1-10　2022 年濮阳市县（区）二氧化氮监测浓度及评价结果

| 县（区）名称 | 日均值评价 | | | | 年均值评价 | | 第 98 百分位数评价 | |
|---|---|---|---|---|---|---|---|---|
| | 最小值 /（μg/m³） | 最大值 /（μg/m³） | 有效监测天数 /d | 达标率 /% | 浓度 /（μg/m³） | 类别 | 浓度 /（μg/m³） | 类别 |
| 华龙区 | 7 | 75 | 365 | 100 | 25 | 二级 | 55 | 超二级 |
| 经开区 | 6 | 65 | 364 | 100 | 25 | 二级 | 54 | 超二级 |
| 工业园区 | 6 | 65 | 362 | 100 | 23 | 二级 | 54 | 超二级 |
| 示范区 | 5 | 69 | 361 | 100 | 23 | 二级 | 57 | 超二级 |
| 濮阳县 | 5 | 64 | 365 | 100 | 22 | 二级 | 52 | 超二级 |
| 清丰县 | 5 | 67 | 365 | 100 | 24 | 二级 | 54 | 超二级 |
| 南乐县 | 5 | 72 | 365 | 100 | 24 | 二级 | 58 | 超二级 |
| 范县 | 3 | 62 | 365 | 100 | 22 | 二级 | 52 | 超二级 |
| 台前县 | 4 | 81 | 363 | 100 | 24 | 二级 | 59 | 超二级 |

5. 一氧化碳

2022 年，濮阳市 9 个县（区）一氧化碳浓度日均值二级标准达标率均达到 100%，第 95 百分位数浓度均达到二级标准，见图 2-1-5 和表 2-1-11。

图 2-1-5　县（区）一氧化碳百分位浓度分布　（单位：μg/m³）

表 2-1-11　2022 年濮阳市县（区）一氧化碳监测浓度及评价结果

| 县（区）名称 | 日均值评价 | | | | 第 95 百分位数评价 | |
|---|---|---|---|---|---|---|
| | 最小值 / (mg/m³) | 最大值 / (mg/m³) | 有效监测天数 /d | 达标率/ % | 浓度 / (mg/m³) | 类别 |
| 华龙区 | 0.2 | 1.7 | 365 | 100 | 1.2 | 二级 |
| 经开区 | 0.2 | 1.8 | 364 | 100 | 1.2 | 二级 |
| 工业园区 | 0.1 | 1.5 | 351 | 100 | 1.0 | 二级 |
| 示范区 | 0.1 | 1.8 | 361 | 100 | 1.2 | 二级 |
| 濮阳县 | 0.2 | 1.6 | 365 | 100 | 1.0 | 二级 |
| 清丰县 | 0.2 | 1.8 | 365 | 100 | 1.1 | 二级 |
| 南乐县 | 0.1 | 2.0 | 365 | 100 | 1.2 | 二级 |
| 范县 | 0.2 | 2.0 | 364 | 100 | 1.2 | 二级 |
| 台前县 | 0.2 | 2.0 | 363 | 100 | 1.4 | 二级 |

6. 臭氧

2022 年，濮阳市 9 个县（区）臭氧日最大 8 h 均值浓度二级标准达标率均未达到 100%，介于 84.1% ～ 91.6%，见图 2-1-6 和表 2-1-12。

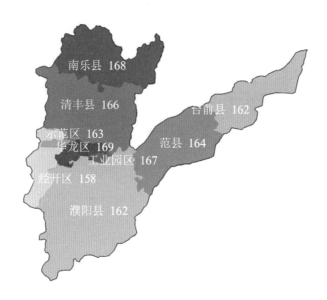

图 2-1-6　县（区）臭氧百分位浓度分布　（单位：μg/m³）

表 2-1-12　2022 年濮阳市县（区）臭氧最大 8 h 监测浓度及评价结果

| 县（区）名称 | 日均值评价 | | | | 第 90 百分位数评价 | |
|---|---|---|---|---|---|---|
| | 最小值 /（μg/m³） | 最大值 /（μg/m³） | 有效监测天数 /d | 达标率 /% | 浓度 /（μg/m³） | 类别 |
| 华龙区 | 12 | 258 | 365 | 84.1 | 169 | 超二级 |
| 经开区 | 10 | 234 | 356 | 91.6 | 158 | 二级 |
| 工业园区 | 8 | 273 | 356 | 88.2 | 167 | 超二级 |
| 示范区 | 9 | 238 | 358 | 88.3 | 163 | 超二级 |
| 濮阳县 | 9 | 250 | 365 | 89.3 | 162 | 超二级 |
| 清丰县 | 13 | 268 | 365 | 86.0 | 166 | 超二级 |
| 南乐县 | 8 | 282 | 365 | 87.4 | 168 | 超二级 |
| 范县 | 12 | 242 | 365 | 88.5 | 164 | 超二级 |
| 台前县 | 13 | 212 | 356 | 89.6 | 162 | 超二级 |

## 二、综合评价

### （一）城市

#### 1. 定性评价

2022 年，濮阳市城市环境空气质量级别为轻污染，4 个城市点位均为轻污染，各点位空气质量定性评价指数见图 2-1-7 和表 2-1-13。

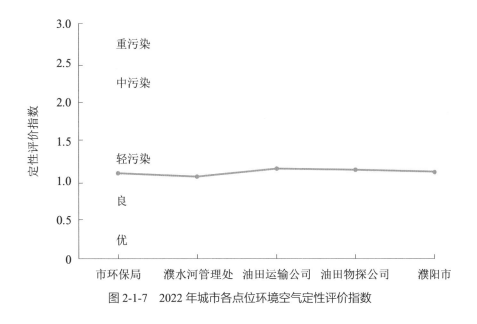

图 2-1-7　2022 年城市各点位环境空气定性评价指数

表 2-1-13    2022 年城市各点位环境空气质量定性评价

| 测点名称 | $I_{SO_2}$ | $I_{NO_2}$ | $I_{PM_{10}}$ | $I_{PM_{2.5}}$ | $I_{CO-95}$ | $I_{O_3H8-90}$ | $I$（综合质量指数） | $P$平均综合污染指数 | 定性评价指数 | |
|---|---|---|---|---|---|---|---|---|---|---|
| | | | | | | | | | $f$值 | 级别 |
| 市环保局 | 0.15 | 0.63 | 1.07 | 1.51 | 0.30 | 1.04 | 4.70 | 0.78 | 1.09 | 轻污染 |
| 濮水河管理处 | 0.15 | 0.63 | 1.06 | 1.46 | 0.30 | 0.99 | 4.58 | 0.76 | 1.05 | 轻污染 |
| 油田运输公司 | 0.17 | 0.65 | 1.29 | 1.57 | 0.30 | 1.07 | 5.04 | 0.84 | 1.15 | 轻污染 |
| 油田物探公司 | 0.18 | 0.63 | 1.14 | 1.57 | 0.28 | 1.09 | 4.89 | 0.82 | 1.13 | 轻污染 |
| 濮阳市 | 0.17 | 0.63 | 1.13 | 1.51 | 0.30 | 1.05 | 4.78 | 0.80 | 1.10 | 轻污染 |

**2. 级别评价**

2022 年，濮阳市城市 4 个监测点位环境空气质量类别均超过二级标准，见表 2-1-14。

表 2-1-14    2022 年城市各点位环境空气质量级别评价

| 测点名称 | $PM_{10}$ | $PM_{2.5}$ | 二氧化硫 | 二氧化氮 | CO-95 | $O_3H8-90$ | 类别 |
|---|---|---|---|---|---|---|---|
| 市环保局 | 超二级 | 超二级 | 一级 | 二级 | 二级 | 超二级 | 超二级 |
| 濮水河管理处 | 超二级 | 超二级 | 一级 | 二级 | 二级 | 二级 | 超二级 |
| 油田运输公司 | 超二级 | 超二级 | 一级 | 二级 | 二级 | 超二级 | 超二级 |
| 油田物探公司 | 超二级 | 超二级 | 一级 | 二级 | 二级 | 超二级 | 超二级 |

**3. 日达标情况**

2022 年，濮阳市城市环境空气优、良天数为 243 d，优、良天数比例为 66.6%，重度污染及以上比例为 4.1%，见表 2-1-15。

表 2-1-15    2021—2022 年城市环境空气质量日达标情况比较

| 城市 | 2021 年 | | 2022 年 | | 变化情况（百分点） | |
|---|---|---|---|---|---|---|
| | 优、良比例 | 重度污染及以上比例 | 优、良比例 | 重度污染及以上比例 | 优、良比例 | 重度污染及以上比例 |
| 濮阳市 | 64.9% | 4.9% | 66.6% | 4.1% | +1.7 | -0.8 |

**4. 污染特征**

2022 年，濮阳市城市环境空气首要污染物是 $PM_{2.5}$，见表 2-1-16。

表 2-1-16　2022 年濮阳市城市环境空气综合指数分析

| 项目 | $PM_{10}$ | $PM_{2.5}$ | 二氧化硫 | 二氧化氮 | 一氧化碳 | 臭氧 | 综合质量指数 |
|---|---|---|---|---|---|---|---|
| 综合指数 $I_i$ | 1.13 | 1.51 | 0.17 | 0.63 | 0.30 | 1.05 | 4.78 |
| 污染负荷系数 $f_i$ | 0.236 | 0.315 | 0.035 | 0.132 | 0.063 | 0.219 | — |
| 排序 | 2 | 1 | 6 | 4 | 5 | 3 | — |
| 首要污染物：$PM_{2.5}$ | | | | | | | |

## （二）县（区）

### 1. 定性评价

2022 年，台前县、濮阳县和范县 3 个县环境空气质量级别均为良，华龙区、经开区、工业园区、示范区、清丰县、南乐县 6 个县（区）环境空气质量级别均为轻污染。定性评价指数见图 2-1-8 和表 2-1-17。

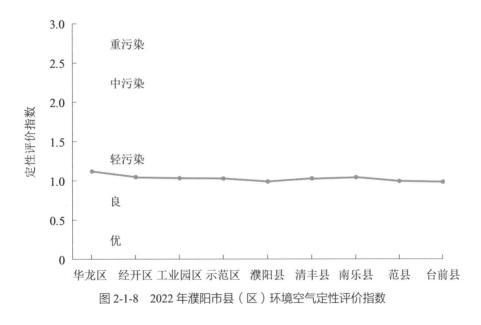

图 2-1-8　2022 年濮阳市县（区）环境空气定性评价指数

表 2-1-17　2022 年濮阳市县（区）环境空气质量定性评价

| 县（区）名称 | $I_{SO_2}$ | $I_{NO_2}$ | $I_{PM_{10}}$ | $I_{PM_{2.5}}$ | $I_{CO-95}$ | $I_{O_3H8-90}$ | $I_{综合质量指数}$ | 定性评价指数 f 值 | 级别 |
|---|---|---|---|---|---|---|---|---|---|
| 华龙区 | 0.17 | 0.63 | 1.16 | 1.54 | 0.30 | 1.06 | 4.85 | 1.12 | 轻污染 |
| 经开区 | 0.15 | 0.63 | 1.06 | 1.46 | 0.30 | 0.99 | 4.58 | 1.05 | 轻污染 |

续表 2-1-17

| 县（区）名称 | $I_{SO_2}$ | $I_{NO_2}$ | $I_{PM_{10}}$ | $I_{PM_{2.5}}$ | $I_{CO-95}$ | $I_{O_3H8-90}$ | $I_{综合质量指数}$ | 定性评价指数 | |
|---|---|---|---|---|---|---|---|---|---|
| | | | | | | | | $f$ 值 | 级别 |
| 工业园区 | 0.22 | 0.58 | 1.21 | 1.37 | 0.25 | 1.04 | 4.67 | 1.03 | 轻污染 |
| 示范区 | 0.17 | 0.58 | 1.21 | 1.34 | 0.30 | 1.02 | 4.62 | 1.02 | 轻污染 |
| 濮阳县 | 0.17 | 0.55 | 1.14 | 1.31 | 0.25 | 1.01 | 4.44 | 0.99 | 良 |
| 清丰县 | 0.17 | 0.60 | 1.24 | 1.34 | 0.28 | 1.04 | 4.66 | 1.02 | 轻污染 |
| 南乐县 | 0.18 | 0.60 | 1.14 | 1.40 | 0.30 | 1.05 | 4.68 | 1.04 | 轻污染 |
| 范县 | 0.15 | 0.55 | 1.14 | 1.34 | 0.30 | 1.03 | 4.51 | 1.00 | 良 |
| 台前县 | 0.15 | 0.60 | 1.11 | 1.29 | 0.35 | 1.01 | 4.51 | 0.98 | 良 |
| 县（区）平均 | 0.17 | 0.59 | 1.16 | 1.38 | 0.29 | 1.03 | 4.61 | 1.03 | 轻污染 |

**2. 级别评价**

2022 年，濮阳市 9 个县（区）环境空气质量类别均为超二级，见表 2-1-18。

表 2-1-18　2022 年濮阳市县（区）环境空气质量级别评价

| 县（区）名称 | $PM_{10}$ | $PM_{2.5}$ | 二氧化硫 | 二氧化氮 | CO-95 | $O_3H8-90$ | 类别 |
|---|---|---|---|---|---|---|---|
| 华龙区 | 超二级 | 超二级 | 一级 | 二级 | 二级 | 超二级 | 超二级 |
| 经开区 | 超二级 | 超二级 | 一级 | 二级 | 二级 | 二级 | 超二级 |
| 工业园区 | 超二级 | 超二级 | 一级 | 二级 | 二级 | 超二级 | 超二级 |
| 示范区 | 超二级 | 超二级 | 一级 | 二级 | 二级 | 超二级 | 超二级 |
| 濮阳县 | 超二级 | 超二级 | 一级 | 二级 | 二级 | 超二级 | 超二级 |
| 清丰县 | 超二级 | 超二级 | 一级 | 二级 | 二级 | 超二级 | 超二级 |
| 南乐县 | 超二级 | 超二级 | 一级 | 二级 | 二级 | 超二级 | 超二级 |
| 范县 | 超二级 | 超二级 | 一级 | 二级 | 二级 | 超二级 | 超二级 |
| 台前县 | 超二级 | 超二级 | 一级 | 二级 | 二级 | 超二级 | 超二级 |

**3. 污染特征**

2022 年，濮阳市县（区）环境空气首要污染物为 $PM_{2.5}$，见表 2-1-19。

表 2-1-19　2022 年濮阳市县（区）环境空气综合指数分析

| 项目 | $PM_{10}$ | $PM_{2.5}$ | 二氧化硫 | 二氧化氮 | 一氧化碳 | 臭氧 | 综合质量指数 |
|---|---|---|---|---|---|---|---|
| 综合指数 $I_i$ | 1.16 | 1.38 | 0.17 | 0.59 | 0.29 | 1.03 | 4.61 |
| 污染负荷系数 $f_i$ | 0.252 | 0.299 | 0.037 | 0.128 | 0.063 | 0.223 | — |
| 排序 | 2 | 1 | 6 | 4 | 5 | 3 | — |
| 首要污染物：$PM_{2.5}$ | | | | | | | |

# 第三节　对比分析

## 一、单因子对比分析

### （一）城市

1.$PM_{10}$

1）年度对比

与 2021 年相比，2022 年濮阳市 $PM_{10}$ 污染程度有所下降。$PM_{10}$ 年均值由 94 $\mu g/m^3$ 下降到 79 $\mu g/m^3$，同比下降 16.0%，见表 2-1-20。

表 2-1-20　2021—2022 年城市污染物监测浓度及变化趋势

| 年度 | $PM_{10}$ | | $PM_{2.5}$ | | 二氧化硫 | | 二氧化氮 | | 一氧化碳 | | 臭氧 | |
|---|---|---|---|---|---|---|---|---|---|---|---|---|
| | 浓度/($\mu g/m^3$) | 类别 | 浓度/($\mu g/m^3$) | 类别 | 浓度/($\mu g/m^3$) | 类别 | 浓度/($\mu g/m^3$) | 类别 | 百分位浓度/($mg/m^3$) | 类别 | 百分位浓度/($\mu g/m^3$) | 类别 |
| 2021年 | 94 | 超二级 | 53 | 超二级 | 9 | 一级 | 28 | 二级 | 1.3 | 二级 | 164 | 超二级 |
| 2022年 | 79 | 超二级 | 53 | 超二级 | 10 | 一级 | 25 | 二级 | 1.2 | 二级 | 168 | 超二级 |
| 两年对比 | -15 | 不变 | 0 | 不变 | 1 | 不变 | -3 | 不变 | -0.1 | 不变 | 4 | 不变 |

2）季节变化

2022 年，城市 $PM_{10}$ 浓度季均值、月均值变化见图 2-1-9 和图 2-1-10。

冬季 $PM_{10}$ 浓度最高，季均值变化规律为：冬季＞春季＞秋季＞夏季。浓度月均值变化接近 U 形波状变化。

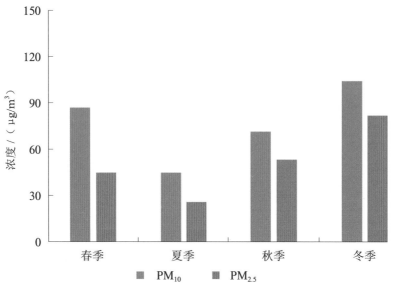

图 2-1-9 $PM_{10}$ 和 $PM_{2.5}$ 浓度季均值变化

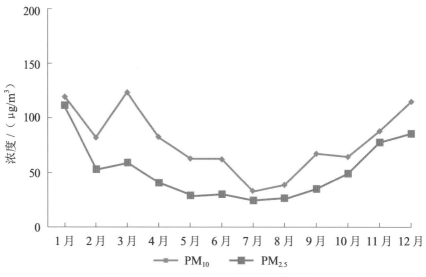

图 2-1-10 $PM_{10}$ 和 $PM_{2.5}$ 浓度月均值变化

2.PM<sub>2.5</sub>

1）年度对比

与 2021 年相比，2022 年濮阳市 PM$_{2.5}$ 污染程度保持不变。PM$_{2.5}$ 年均值为 53 μg/m³，同比持平，见表 2-1-20。

2）季节变化

2022 年，城市 PM$_{2.5}$ 浓度季均值、月均值变化见图 2-1-9 和图 2-1-10。冬季 PM$_{2.5}$ 浓度最高，季均值变化规律为：冬季＞秋季＞春季＞夏季。浓度月均值变化接近 U 形。

3. 二氧化硫

1）年度对比

与 2021 年相比，2022 年濮阳市二氧化硫污染程度基本不变。二氧化硫浓度年均值由 9 μg/m³ 上升到 10 μg/m³，同比上升 11.1%，见表 2-1-20。

2）季节变化

2022年，城市二氧化硫浓度季均值、月均值变化见图2-1-11和图2-1-12。秋季二氧化硫浓度最高，季均值变化规律为：秋季＞冬季≥春季＞夏季。浓度月均值变化接近波状。

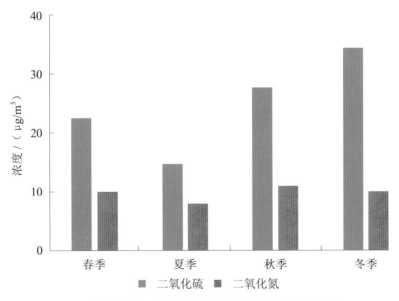

图 2-1-11　二氧化硫和二氧化氮浓度季均值变化

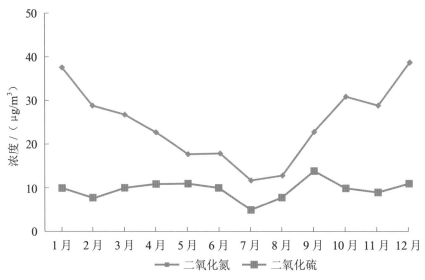

图 2-1-12　二氧化硫和二氧化氮浓度月均值变化

**4. 二氧化氮**

1）年度对比

与 2021 年相比，2022 年濮阳市二氧化氮污染程度基本不变。二氧化氮浓度年均值由 28 μg/m³ 下降到 25 μg/m³，同比下降 10.7%，见表 2-1-20。

2）季节变化

2022 年，城市二氧化氮浓度季均值、月均值变化见图 2-1-11 和图 2-1-12。冬季二氧化氮浓度最高，季均值变化规律为：冬季>秋季>春季>夏季。浓度月均值变化接近 U 形。

**5. 一氧化碳**

1）年度对比

与 2021 年相比，2022 年濮阳市一氧化碳污染程度基本不变。一氧化碳年百分位浓度由 1.3 mg/m³ 下降到 1.2 mg/m³，同比下降 7.7%，见表 2-1-20。浓度年均值由 0.7 mg/m³ 下降到 0.6 mg/m³，同比下降 14.3%。

2）季节变化

2022 年，城市一氧化碳百分位浓度季均值、月均值变化见图 2-1-13 和图 2-1-14。冬季一氧化碳百分位浓度最高，变化规律为：冬季>秋季>春季>夏季。百分位浓度月均值变化接近 U 形。

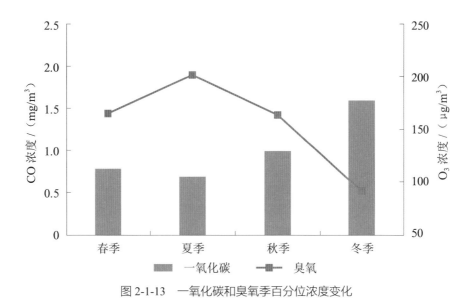

图 2-1-13　一氧化碳和臭氧季百分位浓度变化

图 2-1-14　一氧化碳和臭氧月百分位浓度变化

6. 臭氧

1）年度对比

与 2021 年相比，2022 年濮阳市臭氧污染程度基本不变。臭氧年百分位浓

度由 164 μg/m³ 上升到 168 μg/m³，同比上升 2.4%，见表 2-1-20。浓度年均值
由 102 μg/m³ 上升到 105 μg/m³，同比上升 2.9%。

2）季节变化

2022 年，城市臭氧百分位浓度季均值、月均值变化见图 2-1-13 和
图 2-1-14。夏季臭氧百分位浓度最高，变化规律为：夏季＞春季＞秋季＞冬
季。百分位浓度月均值变化接近倒 U 形。

**（二）县（区）**

**1. PM₁₀**

1）各县（区）年均浓度比较

与2021年相比，2022年濮阳市县（区）PM₁₀污染程度有所降低；各县
（区）点位浓度年均值均超过二级标准，与2021年保持一致；县（区）浓度
年均值为81 μg/m³，同比下降14.7%。濮阳市各县（区）PM₁₀年均浓度比较
见表2-1-7和图2-1-15。

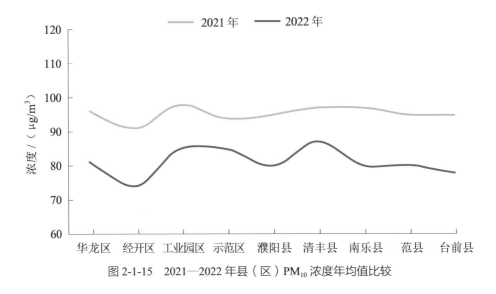

图 2-1-15　2021—2022 年县（区）PM₁₀ 浓度年均值比较

2）季节变化

2022年，濮阳市县（区）PM₁₀浓度季均值、月均值变化见图2-1-16（a）
和图2-1-17（b）。冬季PM₁₀浓度最高，季均值变化规律为：冬季＞春季＞
秋季＞夏季。浓度月均值变化接近U形波状变化。

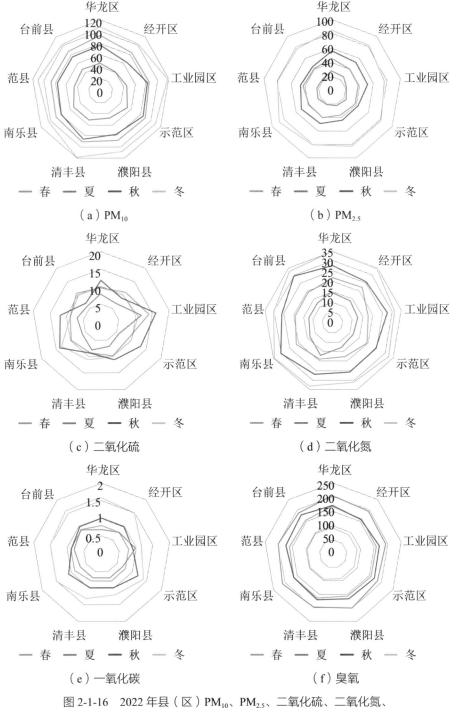

图 2-1-16　2022 年县（区）PM$_{10}$、PM$_{2.5}$、二氧化硫、二氧化氮、
一氧化碳、臭氧浓度季均值变化

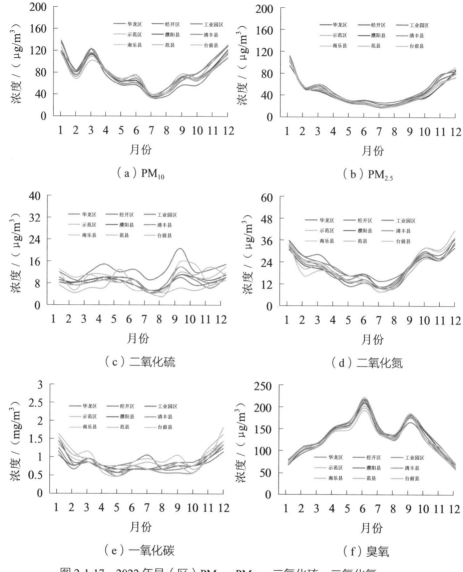

（a）PM₁₀        （b）PM₂.₅

（c）二氧化硫        （d）二氧化氮

（e）一氧化碳        （f）臭氧

图 2-1-17   2022 年县（区）$PM_{10}$、$PM_{2.5}$、二氧化硫、二氧化氮、
一氧化碳、臭氧浓度月均值变化

2.$PM_{2.5}$

1）各县（区）年均浓度比较

与2021年相比，2022年濮阳市县（区）$PM_{2.5}$污染程度基本不变；各县（区）点位浓度年均值均超过二级标准，与2021年保持一致；县（区）浓度年均值为48 μg/m³，同比下降5.9%。濮阳市各县（区）$PM_{2.5}$年均浓度比较见表2-1-8和图2-1-18。

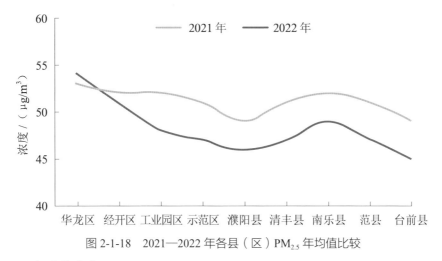

图 2-1-18　2021—2022 年各县（区）PM$_{2.5}$年均值比较

2）季节变化

2022 年，濮阳市县（区）PM$_{2.5}$浓度季均值、月均值变化见图 2-1-16（b）和图 2-1-17（b）。冬季 PM$_{2.5}$浓度最高，季均值变化规律为：冬季＞秋季＞春季＞夏季。浓度月均值变化接近 U 形。

3. 二氧化硫

1）各县（区）年均浓度比较

与 2021 年相比，2022 年濮阳市县（区）二氧化硫污染程度基本不变；各县（区）点位浓度年均值均达到一级标准，与 2021 年保持一致；县区浓度年均值为 10 μg/m³，同比上升 11.1%。濮阳市各县（区）二氧化硫年均浓度比较见表 2-1-9 和图 2-1-19。

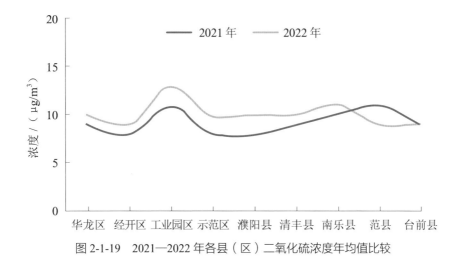

图 2-1-19　2021—2022 年各县（区）二氧化硫浓度年均值比较

2）季节变化

2022 年，濮阳市县（区）二氧化硫浓度季均值、月均值变化见图 2-1-16（c）和图 2-1-17（c）。秋季二氧化硫浓度最高，季均值变化规律为：秋季＞冬季＝春季＞夏季。浓度月均值呈波状变化。

4. 二氧化氮

1）各县（区）年均浓度比较

与 2021 年相比，2022 年濮阳市县（区）二氧化氮污染程度基本不变；各县（区）点位浓度年均值均达到二级标准，与 2021 年保持一致；县（区）浓度年均值为 24 $\mu g/m^3$，同比下降 7.7%。濮阳市各县（区）二氧化氮年均浓度比较见表 2-1-10 和图 2-1-20。

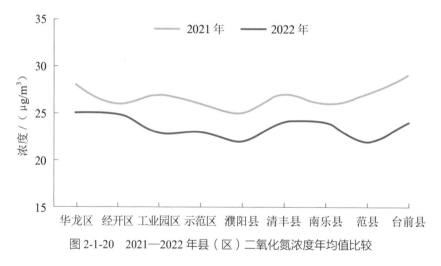

图 2-1-20　2021—2022 年县（区）二氧化氮浓度年均值比较

2）季节变化

2022 年，濮阳市县（区）二氧化氮浓度季均值、月均值变化见图 2-1-16（d）和图 2-1-17（d）。冬季二氧化氮浓度最高，季均值变化规律为：冬季＞秋季＞春季＞夏季。浓度月均值变化接近 U 形波状变化。

5. 一氧化碳

1）各县（区）百分位浓度比较

与 2021 年相比，2022 年濮阳市各县（区）一氧化碳污染程度基本不变；各县（区）百分位浓度均达到二级标准，与 2021 年保持一致；县（区）百分位浓度均值为 1.2 $mg/m^3$。濮阳市各县（区）一氧化碳百分位浓度比较见表 2-1-11 和图 2-1-21。

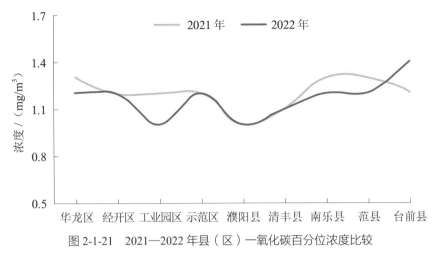

图 2-1-21　2021—2022 年县（区）一氧化碳百分位浓度比较

2）季节变化

2022 年，濮阳市县（区）一氧化碳百分位浓度季均值、月均值变化见图 2-1-16（e）和图 2-1-17（e）。冬季一氧化碳百分位浓度最高，季均值变化规律为：冬季＞秋季＞春季＝夏季。百分位浓度月均值变化接近 U 形波状变化。

6. 臭氧

1）各县（区）百分位浓度比较

与 2021 年相比，2022 年濮阳市县（区）臭氧污染程度基本不变，部分县（区）百分位浓度超二级标准；2022 年县（区）百分位浓度均值为 164 μg/m³，同比上升 1.9%。濮阳市各县（区）臭氧百分位浓度比较见表 2-1-12 和图 2-1-22。

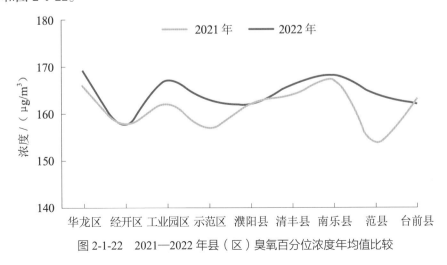

图 2-1-22　2021—2022 年县（区）臭氧百分位浓度年均值比较

2）季节变化

2022年，濮阳市县（区）臭氧百分位浓度季均值、月均值变化见图2-1-16（f）和图2-1-17（f）。夏季臭氧百分位浓度最高，季均值变化规律为：夏季＞秋季＞春季＞冬季。百分位浓度月均值变化接近倒U形变化。

## 二、综合评价

2022 年，濮阳市城市环境空气污染程度减轻，4 个城市点位均为轻污染，综合质量指数为4.78（见表2-1-16），与2021年相比，综合质量指数下降0.28。优、良天数比例提高 1.7 个百分点，重度污染及以上比例下降 0.8 个百分点，见表2-1-15。

2022 年，台前县、濮阳县和范县 3 个县环境空气质量级别均为良，华龙区、经开区、工业园区、示范区、清丰县、南乐县 6 个县（区）均为轻污染。县（区）综合质量指数平均值为4.61，与2021年相比，综合质量指数下降0.34，见表2-1-17。

## 三、污染特征

### （一）城市

1.污染因素特征分析

2022 年，濮阳市城市环境空气首要污染物与 2021 年保持一致，均为$PM_{2.5}$。

污染程度与 2021 年相比，$PM_{2.5}$ 保持不变，$PM_{10}$、二氧化氮和一氧化碳均呈下降趋势，臭氧和二氧化硫略有升高；污染负荷与 2021 年相比，$PM_{2.5}$、臭氧和二氧化硫呈上升趋势，$PM_{10}$、二氧化氮和一氧化碳稍有降低，见图 2-1-23 和图 2-1-24。

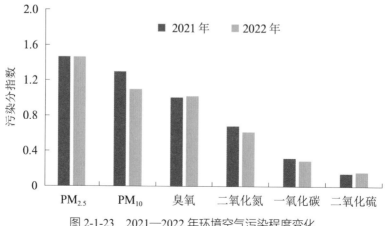

图 2-1-23　2021—2022 年环境空气污染程度变化

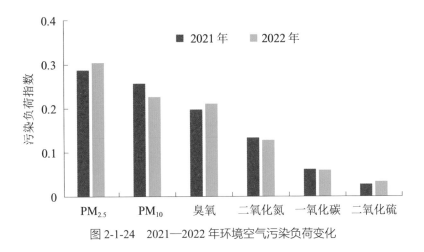

图 2-1-24　2021—2022 年环境空气污染负荷变化

### 2. 污染季节性特征分析

濮阳市城市环境空气污染具有季节性变化特征。$PM_{10}$ 污染程度呈现为冬季最高，春、秋季次之，夏季最低的变化特征；$PM_{2.5}$ 污染程度呈现为冬季最高，秋、春季次之，夏季最低的变化特征；二氧化硫污染程度呈现为秋季最高，冬、春季次之，夏季最低的变化特征；二氧化氮污染程度呈现为冬季最高，秋、春季次之，夏季较低的变化特征；一氧化碳污染程度呈现为冬季最高，秋、春季次之，夏季最低的变化特征；臭氧污染程度呈现为夏季最高，秋、春季次之，冬季最低的变化特征。

### （二）县（区）

#### 1. 污染因素特征分析

2022 年，濮阳市县（区）首要污染物为 $PM_{2.5}$，见表 2-1-19。

污染程度与 2021 年相比，$PM_{2.5}$、$PM_{10}$、二氧化氮和一氧化碳均呈下降趋势，臭氧、二氧化硫呈上升趋势；污染负荷与 2021 年相比，$PM_{10}$ 和二氧化氮呈下降趋势，$PM_{2.5}$、臭氧、二氧化硫和一氧化碳均呈上升趋势，见图 2-1-25 和图 2-1-26。

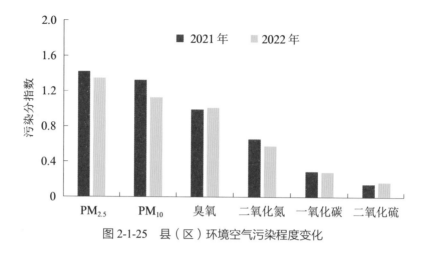

图 2-1-25 县（区）环境空气污染程度变化

图 2-1-26 县（区）环境空气污染负荷变化

### 2. 污染季节性特征分析

濮阳市县（区）环境空气污染具有季节性变化特征。$PM_{10}$ 污染程度呈现为冬季最高，春、秋季次之，夏季最低的变化特征；$PM_{2.5}$ 污染程度呈现为冬季最高，秋、春季次之，夏季最低的变化特征；二氧化硫污染程度呈现为秋季最高，冬、春季次之，夏季最低的变化特征；二氧化氮污染程度呈现为冬季最高，秋、春季次之，夏季较低的变化特征；一氧化碳污染程度呈现为冬季最高，秋季次之，春、夏季较低的变化特征；臭氧污染程度呈现为夏季最高，秋、春季次之，冬季最低的变化特征。

# 第四节　重污染过程分析

## 一、重污染天数

2022 年，濮阳市城市环境空气中度污染天数为 25 d、重度污染天数为 14 d、严重污染为天数 1 d，全年中度污染以上天数为 40 d，占全年比例为 11.0%。2021 年，濮阳市城市环境空气中度污染天数为 31 d、重度污染天数为 12 d、严重污染天数为 6 d，全年中度污染以上天数为 49 d，占全年比例为 13.4%。与 2021 年相比，中度污染减少 6 d，严重污染天数减少 5 d，重度污染天数增加 2 d，见图 2-1-27。

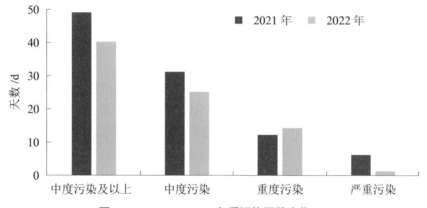

图 2-1-27　2021—2022 年重污染天数变化

2022 年，重度污染主要分布在 1 月、11 月、12 月，中度污染主要分布在 1 月、6 月、11 月和 12 月。具体分布天数见表 2-1-21。

表 2-1-21　2022 年重污染天数分布情况

| 污染程度 | 1 月 | 2 月 | 3 月 | 6 月 | 10 月 | 11 月 | 12 月 |
|---|---|---|---|---|---|---|---|
| 中度污染天数 /d | 10 | 1 | 2 | 5 | 1 | 3 | 3 |
| 重度污染天数 /d | 6 | 0 | 0 | 0 | 0 | 4 | 4 |
| 严重污染天数 /d | 0 | 0 | 0 | 0 | 0 | 0 | 1 |

## 二、$PM_{10}$

2022 年，中度污染及以上过程中，濮阳市城市环境空气中 $PM_{10}$ 浓度均值为 156 μg/m³，与全年平均相比，超 97.5%，见表 2-1-22。

表 2-1-22　2022 年中度污染及以上过程统计

| 名称 | PM$_{10}$ | PM$_{2.5}$ |
|---|---|---|
| 中度污染及以上平均 /（μg/m³） | 156 | 137 |
| 全年平均 /（μg/m³） | 79 | 53 |
| 超比 /% | 97.5 | 158.5 |

### 三、PM$_{2.5}$

2022 年，中度污染及以上过程中，濮阳市城市环境空气中 PM$_{2.5}$ 浓度均值为 137 μg/m³，与全年平均相比，超 158.5%，见表 2-1-22。

# 第五节　沙尘影响分析

濮阳市位于东濮凹陷地层结构上，在我国频繁的西北沙尘轨迹向东或向南的途中，濮阳市极易受到影响，且影响程度较重。受沙尘影响的主要表现为：内蒙古自治区或外蒙古等西北沙尘向北或向东经辽宁、河北、山东或河北等东北方向进入，由于气流路径较为复杂，进入濮阳市后以高空浮尘降落，PM$_{2.5}$/PM$_{10}$ 比值有一个缓慢下降过程，往往先期带来 PM$_{2.5}$ 污染，接着表现为 PM$_{10}$ 污染，影响时间缓慢，期间会因为高压前部转高压后部，风向由偏北风转偏南风，造成沙尘回流，表现为复合型污染。濮阳市受沙尘影响较大，情况也较为复杂。

## 一、沙尘影响现状

2022 年，濮阳市受沙尘天气影响共 19 d，多发在 3 月和 4 月，影响范围最大和持续时间最长的沙尘天气过程发生在 3 月 2—10 日，沙尘持续时间达 9 d，濮阳市下辖县（区）均受到影响。

## 二、沙尘污染过程分析

2022 年 3 月共有 3 次沙尘过程，分别为 3 月 2—10 日、3 月 14—16 日和 3 月 26 日，以 3 月 2—10 日为例进行污染过程分析。2022 年 3 月 2 日，内蒙古中部和青海一带受冷空气、高压和蒙古气旋的影响，沙尘进入濮阳市持续时间较长。3月2日受西北沙尘过程影响，从汾渭平原过来的通过三门峡，在偏西南风的气象条件下，沙尘开始传输进入濮阳市，全市逐渐受到沙尘影响，4日在偏西北风作用下继续向濮阳市进行沙尘输入，5日下午风力变小且风向变化较快，造成输入沙尘及本地部分浮尘在濮阳滞留，7日后在持续偏南风作用下，浮尘开始消散，本地污染类型表现为复合型污染。

### 三、沙尘过程对颗粒物浓度的影响

2022年3月2—10日沙尘影响期间，Si、Ca、Fe等地壳元素占比远高于其他时段，Si平均浓度占比10.5%，是非沙尘期间占比的3.75倍。沙尘影响期间，颗粒物浓度逐渐升高，$PM_{2.5}$中水溶性地壳离子浓度也升高，$Ca^{2+}$浓度在水溶性离子中的占比从0.6%升至3.9%。

2022年3月受3次沙尘过程影响，$PM_{2.5}$和$PM_{10}$月均值分别为65 μg/m³和125 μg/m³，扣除沙尘影响后，$PM_{2.5}$和$PM_{10}$分别为57 μg/m³和91 μg/m³。受沙尘影响，$PM_{2.5}$和$PM_{10}$分别升高了3 μg/m³和34 μg/m³。

# 第六节　小结和原因分析

## 一、小结

### （一）城市

2022年，濮阳市城市环境空气质量级别为轻污染，首要污染物是$PM_{2.5}$。优、良天数为243 d，优、良天数比例为66.6%，重度污染及以上比例为4.1%。$PM_{10}$浓度年均值为79 μg/m³，同比下降16.0%。$PM_{2.5}$浓度年均值为53 μg/m³，同比持平。二氧化硫浓度年均值为10 μg/m³，同比上升11.1%。二氧化氮浓度年均值为25 μg/m³，同比下降10.7%。一氧化碳年百分位浓度为1.2 mg/m³，同比下降7.7%，浓度年均值为0.6 mg/m³，同比下降14.3%。臭氧年百分位浓度为168 μg/m³，同比上升2.4%，浓度年均值为105 μg/m³，同比上升2.9%。

与2021年相比，城市环境空气污染程度减轻，优、良天数比例提高1.7个百分点，重度污染及以上比例下降0.8个百分点，首要污染物仍为$PM_{2.5}$。$PM_{2.5}$、臭氧和二氧化硫污染负荷有所上升，$PM_{10}$、二氧化氮和一氧化碳稍有降低。

## （二）县（区）

2022 年，台前县、濮阳县和范县 3 个县环境空气质量级别均为良，华龙区、经开区、工业园区、示范区、清丰县、南乐县 6 个县（区）均为轻污染。首要污染物均是 $PM_{2.5}$。

与 2021 年相比，县（区）环境空气污染程度减轻，$PM_{2.5}$、臭氧、二氧化硫和一氧化碳污染负荷有所上升，$PM_{10}$、二氧化氮有所降低。

## 二、原因分析

濮阳市总面积 4 188 $km^2$，占全省面积的 2.51%。2022 年濮阳市常住人口为 374.3 万人，平均人口密度约为 894 人 /$km^2$，过高的人口密度、经济活动产生巨大的能源消耗，由此产生的废气是大气污染的主要来源；同时受风向、地形、气候因素的影响，周边外来输送污染物带来一定的影响。濮阳市的大气雾霾污染属于煤烟尘、机动车尾气、二次气溶胶、扬尘、氨、以挥发性有机物为主的多源复合型污染。

### （一）以本地污染为主

濮阳市产业结构转型升级步伐缓慢，发展模式依然粗放，污染物长期超环境容量排放，多年的经济发展使得大气污染物长期积累。经济总量、能源消耗、人口数量仍保持较快增长，生态资源、环境容量和经济的快速发展、现状生活方式的矛盾仍将加剧，并将长期存在。随着经济社会的发展，能源消耗大幅攀升，机动车保有量急剧增加，氮氧化物和挥发性有机物排放量显著增长，臭氧和 $PM_{2.5}$ 污染突出。臭氧和 $PM_{2.5}$ 污染在京津冀及周边区域（包括河南）表现均较为突出。随着城市的加快建设，引进外资，加快工业园区建设，将产生较多的大气污染物排入大气，在一定程度上影响了大气环境质量。气态污染物（挥发性有机物、氮氧化物、二氧化硫等）由于性状不稳定，在空气中停留时间短，多以本地污染为主；而较稳定的颗粒物则不仅有本地污染源，也有外来输送，太行山山脉东侧存在大气污染物的"集聚带"，工业较集中，地理条件不利于污染物扩散。

### （二）外来输送加剧污染

濮阳市地势较为平坦，自西南向东北略有倾斜，西面 90 km 有太行山脉，东南方向 35 km 为黄河，北面是河北省，东面为山东省，整体上地势低，处于南北风的通道中，地形条件导致濮阳市大气污染物的输出不利，整体是输入状态。南北风污染物过境，东风污染物太行山前累积，西风西北通道输送污染物。周围区域地形见图 2-1-28。

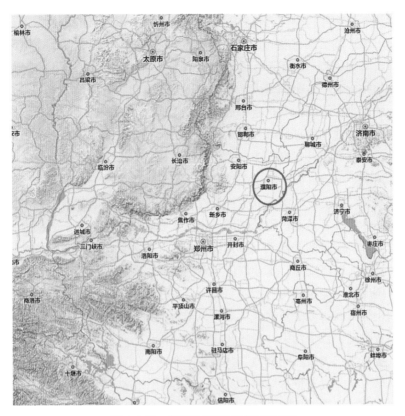

图 2-1-28　濮阳市周围区域地形示意

### （三）气象条件显著影响

濮阳市属于大陆性季风气候，针对颗粒物污染物冬季浓度最高，春、秋季次之，夏季最低，大气污染物浓度变化呈 U 形，这与冬、春季取暖燃煤量大、静风天气有明显关系；受秸秆焚烧、农收影响，每年 6 月、10 月会出现局部高值。冬季比较容易形成不利于污染物扩散的地面天气形势，地面和低空风速较小，常伴有较强的辐射逆温或低空逆温，导致污染物不断积累；城市建设增大了地面摩擦系数，近地面污染物（低矮锅炉排放口、工业无组织排放、生活面源污染、机动车尾气、道路及工地扬尘等）不具备好的横向稀释的条件，容易在城区内积累高浓度污染物；而高空有风，区域外的大型钢厂、大型电厂等企业的高烟囱则相对较易扩散，导致下风向的区域形成外来输送污染。

### （四）日益突出的臭氧污染

臭氧的产生与氮氧化物、挥发性有机物息息相关，臭氧也是大气氧化性的反应。机动车尾气、燃煤电厂、石油化工、涂料生产使用等，向大气中排放大量氮氧化物和挥发性有机物，是造成近地面臭氧污染的主要因素。但伴随着濮阳市环境治理力度的加大，颗粒物浓度整体呈下降趋势，臭氧污染却有不降反升的趋势。濮阳市作为一座新兴的石油化工城市，挥发性有机物和氮氧化物排放面广、排放量大，在治理挥发性有机物方面面临着技术、资金等方面的困难；挥发性有机物排放源涉及生产、生活的各个方面，但挥发性有机物切实有效的治理措施存在着投资大、运行费用高的缺点，且可能还有着二次污染排放。针对濮阳市挥发性有机物排放点源多、各点源排放量小的特点，治理难度较大，应鼓励采用环保工艺、清洁能源、环保产品、回收利用、规模效应等途径从源头减少挥发性有机物产生，同时加强末端治理，控制臭氧前体物挥发性有机物的排放，降低臭氧生成。

改善环境质量的关键是减少污染物的排放，大气污染问题既与燃料结构有关，又是人口、交通、工业高度集聚的结果，需要综合性治理，抓住大气主要污染成因（能源结构、产业结构），关注工业、城市规划、城市餐饮、秸秆利用等方面，着手餐饮、工业、机动车、扬尘、秸秆方面的管理治理，推动区域联动，减少污染。大气灰霾污染防治，不仅需要强化企业和政府的责任，更需要广大市民同努力、共奋斗，全社会形成合力持续推进，才能促进濮阳市大气环境质量持续改善。2022 年，濮阳市大力调整产业、交通结构，加强各方面的污染源控制，优、良天数比例提高，$PM_{10}$ 污染程度有所下降。

# 第二章　降　尘

## 一、评价标准与方法

评价标准为降尘量小于 8 t/(km²·30 d)。评价标准依据《河南省 2021 年大气污染防治攻坚战实施方案》。

## 二、现状评价

濮阳市降尘点位分布见图 2-2-1。

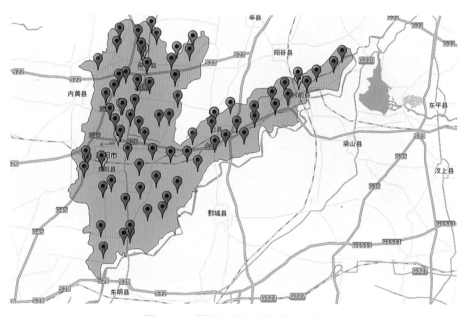

图 2-2-1　濮阳市降尘点位分布示意

### （一）城市降尘

1. 空间分布状况

2022 年，对濮阳市县（区）9 个点位进行了降尘监测。濮阳市城市降尘量范围为 0.8 ~ 28.5 t/(km²·30 d)，年均值为 6.6 t/(km²·30 d)，低于评价标准。2 个点位年均值超评价标准，点位超标率为 22.2%。各点位降尘年均值分布见图 2-2-2。各点位降尘量监测结果统计见表 2-2-1。降尘量较高的点位是华龙区和濮阳县，年均值分别为 9.9 t/（km²·30 d）和 8.1 t/（km²·30 d），超过全市平均水平；降尘量较低的点位是经开区和示范区，年均值分别为 4.0 t/（km²·30 d）和 4.2 t/（km²·30 d）。

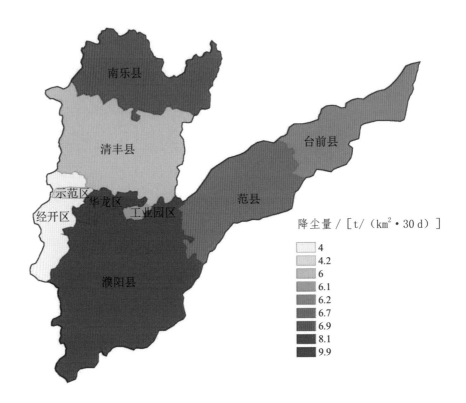

图 2-2-2　2022 年濮阳市县（区）降尘量示意

表 2-2-1　2022 年濮阳市降尘监测结果统计

| 县（区） | 点位名称 | 降尘量范围 /<br>[ t/（km²·30 d）] | 月均超标率 /<br>% | 降尘量范围 /<br>[ t/（km²·30 d）] |
|---|---|---|---|---|
| 华龙区 | 油田物探公司 | 2.3 ~ 22.0 | 58.3 | 9.9 |
| 清丰县 | 清丰县青少年学生校外<br>活动中心 | 2.8 ~ 11.8 | 16.7 | 6.0 |
| 南乐县 | 南乐县生态环境局 | 2.4 ~ 14.2 | 58.3 | 7.9 |
| 范县 | 范县人民政府综合楼 | 2.8 ~ 15.6 | 27.3 | 6.7 |
| 台前县 | 台前县人民政府 | 1.4 ~ 10.7 | 25.0 | 6.2 |

续表 2-2-1

| 县（区） | 点位名称 | 降尘量范围 / [ t/（km²·30 d）] | 月均超标率 / % | 降尘量范围 / [ t/（km²·30 d）] |
|---|---|---|---|---|
| 濮阳县 | 濮阳黄河河务局 第二黄河河务局 | 1.6 ~ 28.5 | 33.3 | 8.1 |
| 经开区 | 经开区管委会 | 0.8 ~ 12.2 | 18.2 | 4.0 |
| 示范区 | 示范区濮上广场 | 0.8 ~ 9.1 | 8.3 | 4.2 |
| 工业园区 | 工业园区管委会 | 2.4 ~ 16.5 | 30.0 | 6.1 |
| 全市 | | 0.8 ~ 28.5 | 33.3 | 6.6 |

2. 时间分布状况

2022年，濮阳市城市降尘量月均值以5月降尘量最高，其次为3月和6月；以12月降尘量最低，其次为2月和7月，见图2-2-3。全年1—12月中，3—6月共4个月的降尘量超过评价标准。全市降尘污染具有季节性变化特征，降尘污染程度呈现为春季最高，夏、秋季次之，冬季最轻的变化特征。

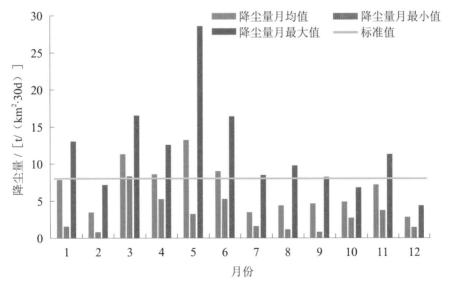

图 2-2-3　2022 年濮阳市降尘量月均值变化

## （二）乡（镇）降尘

1. 空间分布状况

2022年，对濮阳市75个乡（镇）进行了降尘监测。乡（镇）降尘量范围为 0.5 ～ 33.0 t/(km$^2$·30 d)，年均值为 8.7 t/(km$^2$·30 d)，年均值超评价标准。36% 的乡（镇）降尘量年均值达到评价标准，64% 的乡（镇）降尘量年均值超评价标准。各点位降尘量年均值分布见图 2-2-4。降尘量最高的乡（镇）是范县陈庄镇，年均值为 12.2 t/(km$^2$·30 d)；降尘量最低的乡（镇）是濮阳县王称堌镇，年均值为 5.7 t/(km$^2$·30 d)。

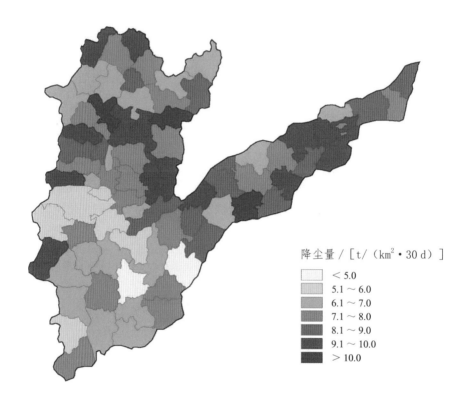

降尘量 / [t/(km$^2$·30 d)]

     < 5.0
     5.1 ～ 6.0
     6.1 ～ 7.0
     7.1 ～ 8.0
     8.1 ～ 9.0
     9.1 ～ 10.0
     > 10.0

图 2-2-4　2022 年濮阳市乡（镇）降尘量年均值示意

2. 时间分布状况

2022 年，以 6 月降尘量最高，其次为 7 月；以 11 月降尘量最低，其次为 12 月，见图 2-2-5。全年 12 个月中，2—9 月的降尘量均超过评价标准。乡（镇）降尘污染具有季节性变化特征，降尘污染程度呈现为夏季最高，春、秋季次之，冬季最轻的变化特征，见图 2-2-6 [序号代表各乡（镇）名称]。

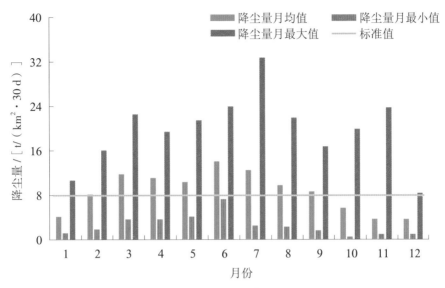

图 2-2-5　2022 年濮阳市乡（镇）降尘量月均值变化

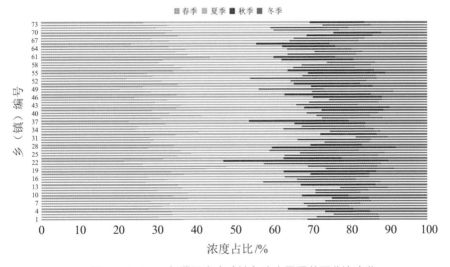

图 2-2-6　2022 年濮阳乡（镇）降尘量季节百分比变化

## 三、对比分析

### （一）城市降尘年度对比

2022 年，全市降尘量年均值为 6.6 t/（km²·30 d），点位超标率为 22.2%，2021 年全市降尘量年均值为 9.9 t/（km²·30 d），点位超标率为 88.9%。与 2021 年相比，2022 年降尘量年均值下降 33.3%，超标率降低

66.7 个百分点，城市降尘污染程度和超标率均下降。

### （二）乡（镇）降尘年度对比

2022 年，全市乡（镇）降尘量年均值为 8.7 t/（km²·30 d），乡（镇）超标率为 64%。2021 年，全市乡（镇）降尘量年均值为 7.2 t/（km²·30 d），乡（镇）超标率为 28%。与 2021 年相比，2022 年降尘量年均值上升 20.8%，超标率上升 36 个百分点，乡（镇）降尘污染程度和超标率均上升。

## 四、小结和原因分析

### （一）小结

2022 年，城市降尘量范围为 0.8 ~ 28.5 t/（km²·30 d），年均值为 6.6 t/（km²·30 d），点位超标率为 22.2%。与 2021 年相比，降尘量年均值下降 33.3%，超标率降低 66.7 个百分点，城市降尘污染程度和超标率均下降。

2022 年，乡（镇）降尘量范围为 0.5 ~ 33.0 t/（km²·30 d），年均值为 8.7 t/（km²·30 d），乡（镇）超标率为 64%。与 2021 年相比，降尘量年均值上升 20.8%，超标率上升 36 个百分点，乡（镇）降尘污染程度和超标率均上升。

### （二）原因分析

降尘是城市大气污染物的重要来源，降尘污染不仅能直接对人体造成危害，还可以通过水体、土壤等环境介质影响人类健康，破坏生态环境。目前，濮阳市的降尘污染来源主要为：北方沙尘暴、建筑工业施工、道路运输抛洒等，结合北方干燥气候、植被盖度低、裸露土壤面积较大等因素，会导致降尘污染严重。

2022 年以来，濮阳市降尘污染防治工作在责任落实、工作机制等方面做了大量工作。按照 2022 年立法计划安排，深入开展扬尘污染防治调研论证，广泛征求各方意见建议，吸纳外地先进经验，研究起草《濮阳市扬尘污染防治条例》，有效破除扬尘污染防治参照法律范围较窄、控制手段单一、监管工作难以有效开展等突出问题，有力增强扬尘污染防治工作指引、长效管理和法律保障，满足新形势下濮阳市扬尘治理的实际需要。2022 年 10 月 1 日，《濮阳市扬尘污染防治条例》正式施行。结合"一市一策"现场帮扶情况，强化工业炉窑综合治理，结合濮阳市工业污染特征、治理水平、管理能力，印发联防联控方案，制定工业源、移动源和面源协商减排清单，将 131 家重点行业工业企业、343 家车辆管控企业、192 个施工工地和 7 个砂石料厂全部纳入。根据国家、省工作部署和空气质量变化趋势，启动空气质量保障战时状态，引导烧结砖瓦企业实施季节性生产调控，其他企业按要求落实减排措施。开展日常清洁城市活动，根据空气湿度科学洒水，推广湿扫、吸扫作业。为加强扬尘污染治理，严格落实施工工地"6 个 100%"及应急预警期间管控要求，对道路交通扬尘污染开展严格治理。智慧环保不断完善，接入扬尘监测系统平台，为降尘污染管控科学决策提供数据支撑。

通过采取严厉的污染管控措施，2022 年濮阳市城市降尘污染程度和超标率均有所下降。但 2022 年乡（镇）降尘超标率与 2021 年相比却呈现上升趋势，年均值超过评价标准，这与乡（镇）降尘污染来源主要为农业生产生活、气候条件等客观原因和部分管控措施不到位等其他原因有一定关系，下一步需对夏、秋季节的乡（镇）降尘污染问题多加关注。

按照全省空气质量 3 项指标完成情况，濮阳市 2022 年空气质量稳居全省第一方阵，城市降尘治理效果得到了一定体现，但乡（镇）降尘仍有较大下降和管控空间，故需进一步细化降尘抑尘措施、持续加强扬尘综合治理。

# 第三章　降　水

## 一、评价标准与方法

以 pH＜5.6 作为判断酸雨的依据。

## 二、现状评价

2022 年，对濮阳市城区环保局和背景点濮阳县大韩桥 2 个大气降水采集点位进行了降水监测，结果见表 2-3-1。

表 2-3-1　2022 年濮阳市降水 pH 监测结果

| 点位名称 | 最小值 | 最大值 | 年平均值 | 样品数 | 酸雨发生率 /% |
|---|---|---|---|---|---|
| 生态环境局 | 6.58 | 8.24 | 7.11 | 13 | 0 |
| 濮阳县大韩桥 | 6.64 | 8.06 | 7.24 | 11 | 0 |
| 全市 | 6.58 | 8.24 | 7.17 | 24 | 0 |

全年共采集 24 个大气降水样品，取得样品量 419 mm，全市降水 pH 在 6.58 ～ 8.24，平均 pH 为 7.17，酸雨发生率为 0。

在降水离子组成中，阴离子含量（mEq/L）由高到低依次为：氯离子＞硫酸根离子＞硝酸根离子＞氟离子。其中，氯离子含量高于其他阴离子含量，$Cl^-/\sum B^-$ 比值为 0.647，表明濮阳市降水中主要阴离子物质为氯化物。

阳离子含量（mEq/L）由高到低依次为钙离子＞镁离子＞铵离子＞钠离子＞钾离子，其中钙离子所占比例最大，$Ca^{2+}/\sum B^+$ 比值为 0.922。

## 三、对比分析

2022 年濮阳市未出现酸雨。与 2021 年相比，全市降水平均 pH 升高了 0.04 个单位，酸雨发生率仍然为 0，见表 2-3-2 和图 2-3-1。

表 2-3-2　2021—2022 年降水 pH 年均值变化情况

| 点位名称 | 2021 年 pH 年均值 | 2022 年 pH 年均值 | pH 差值 | 2021 年酸雨 发生率 /% | 2022 年酸雨 发生率 /% | 发生率变化（百分点） |
| --- | --- | --- | --- | --- | --- | --- |
| 生态环境局 | 7.30 | 7.11 | −0.19 | 0 | 0 | 0 |
| 濮阳县大韩桥 | 7.10 | 7.24 | 0.14 | 0 | 0 | 0 |
| 全市 | 7.13 | 7.17 | 0.04 | 0 | 0 | 0 |

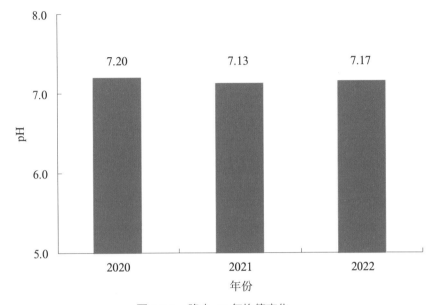

图 2-3-1　降水 pH 年均值变化

　　从类型来看，与 2021 年相比，全市降水中氯离子比例呈上升趋势，氯离子浓度占降水阴离子当量比例为 64.7%，高于其他阴离子，氯离子浓度占降水阴离子当量比例由 2021 年的 52.3% 上升到 2022 年的 64.7%，上升 12.4 个百分点；硫酸根离子比例呈下降趋势，硫酸根离子浓度占降水阴离子当量比例由 2021 年的 31.9% 下降到 2022 年的 12.1%，降低 19.8 个百分点；钙离子比例呈上升趋势，钙离子浓度占降水阳离子当量比例为 92.2%，远高于其他阳离子，钙离子浓度占降水阳离子当量比例由 2021 年的 84.5% 上升到 2022 年的 92.2%，上升 7.7 个百分点（见图 2-3-2）。

## 四、小结和原因分析

### （一）小结

2022 年，降水 pH 在 6.58 ~ 8.24，平均 pH 为 7.17。与 2021 年相比，

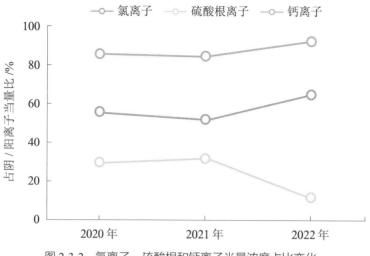

图 2-3-2　氯离子、硫酸根和钙离子当量浓度占比变化

降水平均 pH 升高 0.04 个单位。酸雨发生率仍为 0。

（二）原因分析

河南地处季风气候边缘区，受今年东亚季风阶段性偏弱和高温影响，来自西北太平洋和印度洋的水汽输送偏弱，导致濮阳市 2022 年降雨量较 2021 年大幅减少。2022 年，濮阳市氯离子浓度占降水阴离子当量比例居高不下，氯离子是反映海源特征的主要离子，降雨受海盐影响较大。另一方面，有研究表明氯离子主要来自湿式通风冷却塔，由于冷却塔遍布于需要工业冷却的场所，尤其是煤化工型企业。濮阳市化工企业众多，分析濮阳市氯离子浓度高可能受周边工业企业的影响。

与 2021 年相比，硫酸盐和硝酸盐含量下降。该趋势表明，濮阳市降水中的主要污染源不再是燃煤形成的硫酸型污染；同时由于对氮氧化物排放的科学管控，使得硝酸盐得到了明显降低。随着大气污染防治攻坚战的持续进行，濮阳市坚持重污染天气管控原则，不断加强对工业企业以及工业锅炉、采暖锅炉燃煤二氧化硫、氮氧化物的排放控制，持续开展散煤整治，各项整治措施的有效推进使得城市降水中硫酸盐、硝酸盐的含量得到了有效控制。

在降水阳离子的组成中，钙离子为主要离子。这表明濮阳市空气颗粒物中的碱性成分较多，对降水的中和能力增强，能有效抑制酸雨的发生。钙离子主要来源于大气颗粒物，2022 年濮阳市干燥少雨，遇风力较大时易形成沙尘天气，此外建筑工地施工形成的扬尘也是颗粒物来源之一。

# 第四章　地表水环境质量

## 第一节　评价标准与方法

### 一、评价标准

《地表水环境质量标准》（GB 3838—2002），水质超标率、污染指标超标倍数计算以Ⅲ类水质标准为基准。

### 二、评价方法

#### （一）定性评价

单因子评价法：按照《地表水环境质量标准》（GB 3838—2002）对参与评价的因子进行水质类别评价；按照《地表水环境质量评价办法（试行）》（环办〔2011〕22 号）中断面水质类别与水质定性评价分级对应关系评价断面水质状况。

断面水质类别比例法：定性评价河流水质状况（监测断面不少于 5 个）。

主要污染指标评价法：通过计算监测因子超标倍数和断面超标率确定断面和河流的主要污染指标。

#### （二）对比分析

用综合污染指数对比年际间、河流间的污染程度。

采用浓度变化限值法对比污染物的污染程度。

### 三、评价因子

选取《地表水环境质量标准》（GB 3838—2002）表 1 中除水温、总氮、粪大肠菌群外的 21 项因子，即 pH、溶解氧、高锰酸盐指数、五日生化需氧量、氨氮、石油类、挥发酚、汞、铅、化学需氧量、总磷、铜、锌、氟化物、硒、砷、镉、铬（六价）、氰化物、阴离子表面活性剂、硫化物作为河流水质的评价因子。

# 第二节　现状评价

## 一、全市总体评价

2022 年，濮阳市地表水水质状况为中度污染，见表 2-4-1。

表 2-4-1　2022 年濮阳市地表水水质状况

| 水系名称 | 河流名称 | 监测断面 | 断面水质类别 | 断面水质状况 | 河流水质状况 | 水系水质状况 | 全市水质状况 | 河流综合污染指数 | 水系综合污染指数 |
|---|---|---|---|---|---|---|---|---|---|
| 黄河流域 | 黄河 | 刘庄 | Ⅱ类 | 优 | 优 | 中度污染 | 中度污染 | 0.193 | 0.466 |
| | 金堤河 | 濮阳县大韩桥 | Ⅳ类 | 轻度污染 | 轻度污染 | | | 0.436 | |
| | | 宋海桥 | Ⅳ类 | 轻度污染 | | | | | |
| | | 范县金堤桥 | Ⅴ类 | 中度污染 | | | | | |
| | | 子路堤桥 | Ⅳ类 | 轻度污染 | | | | | |
| | | 台前县西环路桥 | Ⅴ类 | 中度污染 | | | | | |
| | | 贾垓桥（张秋） | Ⅴ类 | 中度污染 | | | | | |
| | 回木沟 | 岳辛庄桥 | Ⅲ类 | 良好 | 良好 | | | 0.286 | |
| | 三里店沟 | 三里店桥 | Ⅲ类 | 良好 | 良好 | | | 0.288 | |
| | 五星沟 | 马寨 | Ⅲ类 | 良好 | 良好 | | | 0.315 | |
| | 房刘庄沟 | 房刘庄沟闸 | 劣Ⅴ类 | 重度污染 | 重度污染 | | | 0.471 | |
| | 青碱沟 | 碱王庄桥 | Ⅴ类 | 中度污染 | 中度污染 | | | 0.608 | |
| | 杨楼河 | 陈庄村桥 | Ⅴ类 | 中度污染 | 中度污染 | | | 0.488 | |
| | 十字坡沟 | 孟楼闸 | 劣Ⅴ类 | 重度污染 | 重度污染 | | | 0.819 | |
| | 范水 | 教场闸 | 劣Ⅴ类 | 重度污染 | 重度污染 | | | 0.482 | |
| | 后方沟 | 后方沟闸 | 劣Ⅴ类 | 重度污染 | 重度污染 | | | 0.678 | |
| | 梁庙沟 | 梁庙闸 | Ⅳ类 | 轻度污染 | 轻度污染 | | | 0.403 | |
| | 张庄沟 | 张庄沟闸 | 劣Ⅴ类 | 重度污染 | 重度污染 | | | 0.750 | |

续表 2-4-1

| 水系名称 | 河流名称 | 监测断面 | 断面水质类别 | 断面水质状况 | 河流水质状况 | 水系水质状况 | 全市水质状况 | 河流综合污染指数 | 水系综合污染指数 |
|---|---|---|---|---|---|---|---|---|---|
| 海河流域 | 第三濮清南 | 中原路桥 | V类 | 中度污染 | 轻度污染 | 轻度污染 | 中度污染 | 0.418 | 0.461 |
| | | 苏堤 | Ⅲ类 | 良好 | | | | | |
| | 卫河 | 涨旺 | Ⅲ类 | 良好 | 良好 | | | 0.293 | |
| | | 南乐元村集 | Ⅲ类 | 良好 | | | | | |
| | | 大名龙王庙 | Ⅲ类 | 良好 | | | | | |
| | 马颊河 | 濮阳西水坡 | I类 | 优 | 轻度污染 | | | 0.347 | |
| | | 金堤回灌闸 | IV类 | 轻度污染 | | | | | |
| | | 戚城屯桥 | Ⅲ类 | 良好 | | | | | |
| | | 北里商闸 | V类 | 中度污染 | | | | | |
| | | 马庄桥 | IV类 | 轻度污染 | | | | | |
| | | 北外环路桥 | V类 | 中度污染 | | | | | |
| | | 西吉七 | V类 | 中度污染 | | | | | |
| | | 南乐水文站 | Ⅲ类 | 良好 | | | | | |
| | 老马颊河 | 绿城路桥 | 劣V类 | 重度污染 | 重度污染 | | | 1.048 | |
| | 濮水河 | 人民路桥 | IV类 | 轻度污染 | 轻度污染 | | | 0.486 | |
| | | 马颊河闸 | V类 | 中度污染 | | | | | |
| | 濮上河 | 安康苑 | Ⅲ类 | 良好 | 良好 | | | 0.320 | |
| | 贾庄沟 | 宁安路桥 | V类 | 中度污染 | 轻度污染 | | | 0.436 | |
| | | 胜利路桥 | IV类 | 轻度污染 | | | | | |
| | 潜龙河 | 东北庄 | V类 | 中度污染 | 中度污染 | | | 0.497 | |
| | | 齐杨吉道 | IV类 | 轻度污染 | | | | | |
| | 顺河沟 | 孟旧寨 | IV类 | 轻度污染 | 轻度污染 | | | 0.362 | |
| | 幸福渠 | 马寨联合站东 | IV类 | 轻度污染 | 轻度污染 | | | 0.458 | |
| | 卫都河 | 卫都路桥 | Ⅱ类 | 优 | 优 | | | 0.208 | |

续表 2-4-1

| 水系名称 | 河流名称 | 监测断面 | 断面水质类别 | 断面水质状况 | 河流水质状况 | 水系水质状况 | 全市水质状况 | 河流综合污染指数 | 水系综合污染指数 |
|---|---|---|---|---|---|---|---|---|---|
| 海河流域 | 卫都河 | 金堤路桥 | Ⅱ类 | 优 | 优 | 轻度污染 | 中度污染 | 0.208 | 0.461 |
| | 第二濮清南 | 黄龙潭 | Ⅳ类 | 轻度污染 | 轻度污染 | | | 0.393 | |
| | | 张胡庄 | Ⅴ类 | 中度污染 | | | | | |
| | 固城沟 | 自来水公司 | 劣Ⅴ类 | 重度污染 | 重度污染 | | | 0.879 | |
| | 徒骇河 | 阎村 | Ⅴ类 | 中度污染 | 轻度污染 | | | 0.415 | |
| | | 毕屯 | Ⅳ类 | 轻度污染 | | | | | |
| | 永顺沟 | 污水厂 | 劣Ⅴ类 | 重度污染 | 重度污染 | | | 1.027 | |
| | | 大清村北桥 | 劣Ⅴ类 | 重度污染 | | | | | |
| | 永福沟 | 千口街 | 劣Ⅴ类 | 重度污染 | 重度污染 | | | 0.643 | |
| | 理直沟 | 库庄 | Ⅳ类 | 轻度污染 | 轻度污染 | | | 0.456 | |
| | 八里月牙河 | 蔡紫金 | 劣Ⅴ类 | 重度污染 | 重度污染 | | | 0.544 | |

在全市两大流域 31 条主要河流 53 个断面中，水质符合Ⅰ~Ⅲ类标准的断面有 14 个，占 26.4%；水质符合Ⅳ类标准的断面有 14 个，占 26.4%；水质符合Ⅴ类标准的断面有 14 个，占 26.4%；劣Ⅴ类水质断面有 11 个，占 20.8%。与 2021 年相比，2022 年濮阳市地表水水质状况无明显变化。全市Ⅰ~Ⅲ类水质断面比例较 2021 年提高 9.3 个百分点，劣Ⅴ类水质断面比例较 2021 年降低 10.6 个百分点，见图 2-4-1、图 2-4-2 和表 2-4-2。

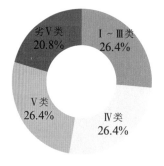

图 2-4-1　2022 年濮阳市地表水水质类别比例

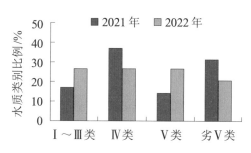

图 2-4-2　濮阳市地表水水质类别比例变化

表 2-4-2　2022 年濮阳市地表水水质类别按河流统计　　单位：个

| 水系名称 | 河流名称 | Ⅰ～Ⅲ类 | Ⅳ类 | Ⅴ类 | 劣Ⅴ类 | 断流 | 数量 |
|---|---|---|---|---|---|---|---|
| 黄河流域 | 黄河 | 1 | 0 | 0 | 0 | 0 | 1 |
| | 金堤河 | 0 | 3 | 3 | 0 | 0 | 6 |
| | 回木沟 | 1 | 0 | 0 | 0 | 0 | 1 |
| | 三里店沟 | 1 | 0 | 0 | 0 | 0 | 1 |
| | 五星沟 | 1 | 0 | 0 | 0 | 0 | 1 |
| | 房刘庄沟 | 0 | 0 | 0 | 1 | 0 | 1 |
| | 青碱沟 | 0 | 0 | 1 | 0 | 0 | 1 |
| | 杨楼河 | 0 | 0 | 1 | 0 | 0 | 1 |
| | 十字坡沟 | 0 | 0 | 0 | 1 | 0 | 1 |
| | 范水 | 0 | 0 | 0 | 1 | 0 | 1 |
| | 后方沟 | 0 | 0 | 0 | 1 | 0 | 1 |
| | 梁庙沟 | 0 | 1 | 0 | 0 | 0 | 1 |
| | 张庄沟 | 0 | 0 | 0 | 1 | 0 | 1 |
| | 合计 | 4 | 4 | 5 | 5 | 0 | 18 |
| 海河流域 | 第三濮清南 | 1 | 0 | 1 | 0 | 0 | 2 |
| | 卫河 | 3 | 0 | 0 | 0 | 0 | 3 |
| | 马颊河 | 3 | 2 | 3 | 0 | 0 | 8 |
| | 老马颊河 | 0 | 0 | 0 | 1 | 0 | 1 |
| | 濮水河 | 0 | 1 | 1 | 0 | 0 | 2 |
| | 濮上河 | 1 | 0 | 0 | 0 | 0 | 1 |
| | 贾庄沟 | 0 | 1 | 1 | 0 | 0 | 2 |
| | 潴龙河 | 0 | 1 | 1 | 0 | 0 | 2 |
| | 顺河沟 | 0 | 1 | 0 | 0 | 0 | 1 |
| | 幸福渠 | 0 | 1 | 0 | 0 | 0 | 1 |
| | 卫都河 | 2 | 0 | 0 | 0 | 0 | 2 |
| | 第二濮清南 | 0 | 1 | 1 | 0 | 0 | 2 |
| | 固城沟 | 0 | 0 | 0 | 1 | 0 | 1 |
| | 徒骇河 | 0 | 1 | 1 | 0 | 0 | 2 |
| | 永顺沟 | 0 | 0 | 0 | 2 | 0 | 2 |
| | 永福沟 | 0 | 0 | 0 | 1 | 0 | 1 |

续表 2-4-2

| 水系名称 | 河流名称 | Ⅰ～Ⅲ类 | Ⅳ类 | Ⅴ类 | 劣Ⅴ类 | 断流 | 数量 |
|---|---|---|---|---|---|---|---|
| 海河流域 | 理直沟 | 0 | 1 | 0 | 0 | 0 | 1 |
| | 八里月牙河 | 0 | 0 | 0 | 1 | 0 | 1 |
| | 合计 | 10 | 10 | 9 | 6 | 0 | 35 |
| 全市总计 | | 14 | 14 | 14 | 11 | 0 | 53 |

2022 年，全市主要河流受污染由重到轻依次为：老马颊河、永顺沟、固城沟、十字坡沟、张庄沟、后方沟、永福沟、青碱沟、八里月牙河、潴龙河、杨楼河、濮水河、范水、房刘庄沟、幸福渠、理直沟、贾庄沟、金堤河、第三濮清南、徒骇河、梁庙沟、第二濮清南、顺河沟、马颊河、濮上河、五星沟、卫河、三里店沟、回木沟、卫都河、黄河。市辖两大流域主要河流污染程度排序见图 2-4-3。

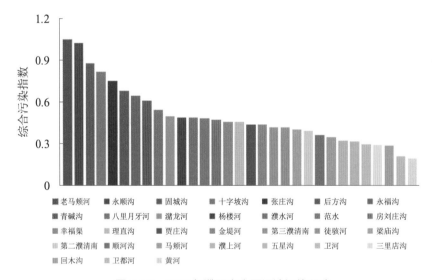

图 2-4-3 2022 年濮阳市主要河流污染程度

全市河流断面主要污染指标为总磷、化学需氧量、氨氮。21 项评价因子中有 10 项因子出现超标情况，分别是总磷、化学需氧量、五日生化需氧量、氨氮、高锰酸盐指数、石油类、氟化物、阴离子表面活性剂、挥发酚、硫化物。黄河流域河流断面主要污染指标见表 2-4-3，海河流域河流断面主要污染指标见表 2-4-4，地表水主要污染指标超标情况见表 2-4-5。

表 2-4-3　2022 年濮阳市黄河流域河流断面主要污染指标统计

| 水系名称 | 河流名称 | 监测断面 | 断面主要污染指标（超标倍数） | 河流主要污染指标 | 水系主要污染指标 |
|---|---|---|---|---|---|
| 黄河流域 | 黄河 | 刘庄 | — | — | 总磷、化学需氧量、五日生化需氧量 |
| | 金堤河 | 濮阳县大韩桥 | 高锰酸盐指数（0.15） | 化学需氧量、高锰酸盐指数、总磷 | |
| | | 宋海桥 | 石油类（0.13）、五日生化需氧量（0.05）、挥发酚（0.01） | | |
| | | 范县金堤桥 | 氨氮（0.51）、总磷（0.50）、化学需氧量（0.37） | | |
| | | 子路堤桥 | 高锰酸盐指数（0.37）、化学需氧量（0.22）、总磷（0.15） | | |
| | | 台前县西环路桥 | 石油类（0.87）、总磷（0.58）、化学需氧量（0.40） | | |
| | | 贾垓桥（张秋） | 化学需氧量（0.62）、五日生化需氧量（0.29）、高锰酸盐指数（0.21） | | |
| | 回木沟 | 岳辛庄桥 | — | — | |
| | 三里店沟 | 三里店桥 | — | — | |
| | 五星沟 | 马寨 | — | — | |
| | 房刘庄沟 | 房刘庄沟闸 | 总磷（1.25）、五日生化需氧量（0.08） | 总磷、五日生化需氧量 | |
| | 青碱沟 | 碱王庄桥 | 石油类（1.33）、五日生化需氧量（0.55）、化学需氧量（0.44） | 石油类、五日生化需氧量、化学需氧量 | |
| | 杨楼河 | 陈庄村桥 | 总磷（0.97）、高锰酸盐指数（0.43）、五日生化需氧量（0.25） | 总磷、高锰酸盐指数、五日生化需氧量 | |
| | 十字坡沟 | 孟楼闸 | 氨氮（2.34）、石油类（2.20）、总磷（1.00） | 氨氮、石油类、总磷 | |
| | 范水 | 教场闸 | 总磷（1.10）、化学需氧量（0.38）、高锰酸盐指数（0.09） | 总磷、化学需氧量、高锰酸盐指数 | |

续表 2-4-3

| 水系名称 | 河流名称 | 监测断面 | 断面主要污染指标（超标倍数） | 河流主要污染指标 | 水系主要污染指标 |
|---|---|---|---|---|---|
| 黄河流域 | 后方沟 | 后方沟闸 | 总磷（2.47）、石油类（1.13）、化学需氧量（0.45） | 总磷、石油类、化学需氧量 | 总磷、化学需氧量、五日生化需氧量 |
| | 梁庙沟 | 梁庙闸 | 总磷（0.30）、五日生化需氧量（0.11）、化学需氧量（0.08） | 总磷、五日生化需氧量、化学需氧量 | |
| | 张庄沟 | 张庄沟闸 | 氨氮（1.67）、总磷（1.43）、五日生化需氧量（1.18） | 氨氮、总磷、五日生化需氧量 | |

表 2-4-4　2022 年濮阳市海河流域河流断面主要污染指标统计

| 水系名称 | 河流名称 | 监测断面 | 断面主要污染指标（超标倍数） | 河流主要污染指标 | 水系主要污染指标 |
|---|---|---|---|---|---|
| 海河流域 | 第三濮清南 | 中原路桥 | 石油类（0.93）、总磷（0.71）、氨氮（0.20） | 石油类、总磷、氨氮 | 总磷、氨氮、化学需氧量 |
| | | 苏堤 | — | | |
| | 卫河 | 涨旺 | — | — | |
| | | 南乐元村集 | — | | |
| | | 大名龙王庙 | — | | |
| | 马颊河 | 濮阳西水坡 | | 氨氮、总磷、化学需氧量 | |
| | | 金堤回灌闸 | 总磷（0.33） | | |
| | | 戚城屯桥 | — | | |
| | | 北里商闸 | 氨氮（0.53）、总磷（0.37）、化学需氧量（0.32） | | |
| | | 马庄桥 | 氨氮（0.37） | 氨氮、总磷、化学需氧量 | |
| | | 北外环路桥 | 氨氮（0.58）、总磷（0.17）、化学需氧量（0.10） | | |
| | | 西吉七 | 氨氮（0.75） | | |
| | | 南乐水文站 | — | | |

续表 2-4-4

| 水系名称 | 河流名称 | 监测断面 | 断面主要污染指标（超标倍数） | 河流主要污染指标 | 水系主要污染指标 |
|---|---|---|---|---|---|
| 海河流域 | 老马颊河 | 绿城路桥 | 总磷（5.64）、氨氮（5.37）、化学需氧量（0.53） | 总磷、氨氮、化学需氧量 | 总磷、氨氮、化学需氧量 |
| | 濮水河 | 人民路桥 | 化学需氧量（0.38）、总磷（0.34）、五日生化需氧量（0.33） | 氨氮、化学需氧量、总磷 | |
| | | 马颊河闸 | 氨氮（0.91）、氟化物（0.07） | | |
| | 濮上河 | 安康苑 | — | — | |
| | 贾庄沟 | 宁安路桥 | 氨氮（0.71）、总磷（0.05）、五日生化需氧量（0.04） | 氨氮、总磷、化学需氧量 | |
| | | 胜利路桥 | 氨氮（0.31）、总磷（0.28）、化学需氧量（0.25） | | |
| | 潴龙河 | 东北庄 | 总磷（0.84）、氨氮（0.83）、化学需氧量（0.46） | 氨氮、总磷、化学需氧量 | |
| | | 齐杨吉道 | 氨氮（0.41）、总磷（0.29）、化学需氧量（0.06） | | |
| | 顺河沟 | 孟旧寨 | 化学需氧量（0.02）、总磷（0.02） | 化学需氧量、总磷 | |
| | 幸福渠 | 马寨联合站东 | 总磷（0.35）、氟化物（0.06） | 总磷、氟化物 | |
| | 卫都河 | 卫都路桥 | — | — | |
| | | 金堤路桥 | — | | |
| | 第二濮清南 | 黄龙潭 | 总磷（0.34） | 氨氮、总磷、化学需氧量 | |
| | | 张胡庄 | 氨氮（0.59）、化学需氧量（0.11） | | |
| | 固城沟 | 自来水公司 | 氨氮（3.71）、总磷（2.87）、化学需氧量（1.00） | 氨氮、总磷、化学需氧量 | |
| | 徒骇河 | 阎村 | 氨氮（0.55）、化学需氧量（0.45）、总磷（0.39） | 化学需氧量、氨氮、总磷 | |

续表 2-4-4

| 水系名称 | 河流名称 | 监测断面 | 断面主要污染指标（超标倍数） | 河流主要污染指标 | 水系主要污染指标 |
|---|---|---|---|---|---|
| 海河流域 | 徒骇河 | 毕屯 | 化学需氧量（0.19）、高锰酸盐指数（0.02） | 化学需氧量、氨氮、总磷 | 总磷、氨氮、化学需氧量 |
| | 永顺沟 | 污水厂 | 总磷（5.53）、氨氮（4.87）、石油类（2.67） | 总磷、氨氮、石油类 | |
| | | 大清村北桥 | 氨氮（1.29）、总磷（0.43）、化学需氧量（0.23） | | |
| | 永福沟 | 千口街 | 氨氮（2.69）、总磷（0.88）、化学需氧量（0.30） | 氨氮、总磷、化学需氧量 | |
| | 理直沟 | 库庄 | 化学需氧量（0.47）、五日生化需氧（0.10）、总磷（0.08） | 化学需氧量、五日生化需氧量、总磷 | |
| | 八里月牙河 | 蔡紫金 | 氨氮（1.53）、总磷（0.92）、化学需氧量（0.37） | 氨氮、总磷、化学需氧量 | |

表 2-4-5　2022 年地表水主要污染指标超标情况统计

| 指标 | 超标断面数量 / 个 | 断面超标率 /% | 年均值最高断面及超标倍数 | | |
|---|---|---|---|---|---|
| | | | 断面名称 | 断面浓度 /（mg/L） | 超标倍数 |
| 总磷 | 31 | 58.5 | 老马颊河绿城路桥 | 1.33 | 5.64 |
| 化学需氧量 | 29 | 54.7 | 永顺沟污水厂 | 52 | 1.62 |
| 五日生化需氧量 | 25 | 47.2 | 永顺沟污水厂 | 9.5 | 1.38 |
| 氨氮 | 22 | 41.5 | 老马颊河绿城路桥 | 6.37 | 5.37 |
| 高锰酸盐指数 | 21 | 39.6 | 永顺沟污水厂 | 10.3 | 0.72 |
| 石油类 | 10 | 18.9 | 永顺沟污水厂 | 0.18 | 2.67 |
| 氟化物 | 5 | 9.4 | 后方沟闸 | 1.29 | 0.29 |
| 阴离子表面活性剂 | 3 | 5.7 | 永顺沟污水厂 | 0.64 | 2.22 |
| 挥发酚 | 2 | 3.8 | 永顺沟污水厂 | 0.008 1 | 0.63 |
| 硫化物 | 1 | 1.9 | 永顺沟污水厂 | 0.366 7 | 0.83 |

## 二、黄河流域

### （一）定性评价

2022年，黄河流域水质状况为中度污染，共监测黄河、金堤河、回木沟、三里店沟、五星沟、房刘庄沟、青碱沟、杨楼河、十字坡沟、范水、后方沟、梁庙沟和张庄沟13条主要河流，主要污染指标为总磷、化学需氧量和五日生化需氧量。18个断面监测中，符合Ⅰ～Ⅲ类水质标准的断面有4个，占22.2%；符合Ⅳ类水质标准的断面有4个，占22.2%；符合Ⅴ类水质标准的断面有5个，占27.8%；符合劣Ⅴ类水质标准的断面有5个，占27.8%，见图2-4-4。

图2-4-4　2022年黄河流域水质类别比例

黄河流域13条主要河流中，黄河水质状况为优，回木沟、三里店沟、五星沟水质状况为良好，金堤河、梁庙沟水质状况为轻度污染，青碱沟、杨楼河水质状况为中度污染，房刘庄沟、十字坡沟、范水、后方沟、张庄沟水质状况为重度污染。黄河流域平均综合污染指数为0.466，黄河流域河流污染程度排序见图2-4-5。

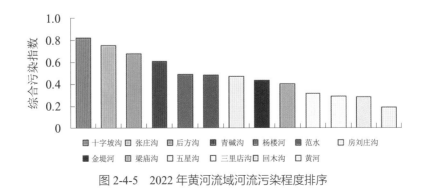

图2-4-5　2022年黄河流域河流污染程度排序

（二）主要河流及沿程变化

黄河：设置刘庄 1 个监测断面，水质类别为Ⅱ类，黄河水质状况为优。

金堤河：设置 6 个监测断面，分别为濮阳县大韩桥断面、宋海桥断面、范县金堤桥断面、子路堤桥断面、台前县西环路桥断面和贾垓桥（张秋）断面。入境濮阳县大韩桥断面水质类别为Ⅳ类，水质状况为轻度污染；流经宋海桥断面水质类别为Ⅳ类，水质状况为轻度污染；范县金堤桥断面水质类别为Ⅴ类，水质状况为中度污染；子路堤桥断面水质类别为Ⅳ类，水质状况为轻度污染；台前县西环路桥断面水质类别为Ⅴ类，水质状况为中度污染；贾垓桥（张秋）断面水质类别为Ⅴ类，水质状况为中度污染。金堤河水质状况为轻度污染，濮阳县大韩桥断面高锰酸盐指数年均浓度值超标，超标倍数为 0.15 倍；宋海桥断面石油类、五日生化需氧量、挥发酚年均浓度值超标，超标倍数分别为 0.13 倍、0.05 倍和 0.01 倍；范县金堤桥断面氨氮、总磷、化学需氧量年均浓度值超标，超标倍数分别为 0.51 倍、0.50 倍和 0.37 倍；子路堤桥断面高锰酸盐指数、化学需氧量、总磷年均浓度值超标，超标倍数分别为 0.37 倍、0.22 倍和 0.15 倍；台前县西环路桥断面石油类、总磷、化学需氧量年均浓度值超标，超标倍数分别为 0.87 倍、0.58 倍和 0.40 倍；贾垓桥（张秋）断面化学需氧量、五日生化需氧量、高锰酸盐指数年均浓度值超标，超标倍数分别为 0.62 倍，0.29 倍和 0.21 倍；金堤河主要污染指标为化学需氧量、高锰酸盐指数、总磷。2022 年金堤河主要污染物年均浓度沿程变化见图 2-4-6。

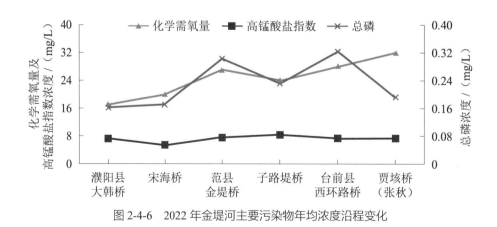

图 2-4-6　2022 年金堤河主要污染物年均浓度沿程变化

回木沟：设置岳辛庄桥 1 个监测断面，断面水质类别为Ⅲ类，水质状况为良好。

三里店沟：设置三里店桥 1 个监测断面，断面水质类别为Ⅲ类，水质状况为良好。

五星沟：设置马寨 1 个监测断面，断面水质类别为Ⅲ类，水质状况为良好。

房刘庄沟：设置房刘庄沟闸 1 个监测断面，断面水质类别为劣Ⅴ类，水质状况为重度污染。房刘庄沟闸断面总磷、五日生化需氧量年均浓度值超标，超标倍数分别为 1.25 倍和 0.08 倍。

青碱沟：设置碱王庄桥 1 个监测断面，断面水质类别为Ⅴ类，水质状况为中度污染。碱王庄桥断面石油类、五日生化需氧量、化学需氧量年均浓度值超标，超标倍数分别为 1.33 倍、0.55 倍和 0.44 倍。

杨楼河：设置陈庄村桥 1 个监测断面，断面水质类别为Ⅴ类，水质状况为中度污染。陈庄村桥断面总磷、高锰酸盐指数、五日生化需氧量年均浓度值超标，超标倍数分别为 0.97 倍、0.43 倍和 0.25 倍。

十字坡沟：设置孟楼闸 1 个监测断面，断面水质类别为劣Ⅴ类，水质状况为重度污染。孟楼闸断面氨氮、石油类、总磷年均浓度值超标，超标倍数分别为 2.34 倍、2.20 倍和 1.00 倍。

范水：设置教场闸 1 个监测断面，断面水质类别为劣Ⅴ类，水质状况为重度污染。教场闸断面总磷、化学需氧量、高锰酸盐指数年均浓度值超标，超标倍数分别为 1.10 倍、0.38 倍和 0.09 倍。

后方沟：设置后方沟闸 1 个监测断面，断面水质类别为劣Ⅴ类，水质状况为重度污染。后方沟闸断面总磷、石油类、化学需氧量年均浓度值超标，超标倍数分别为 2.47 倍、1.13 倍和 0.45 倍。

梁庙沟：设置梁庙闸 1 个监测断面，断面水质为Ⅳ类，水质状况为轻度污染。梁庙闸断面总磷、五日生化需氧量、化学需氧量年均浓度值超标，超标倍数分别为 0.30 倍、0.11 倍和 0.08 倍。

张庄沟：设置张庄沟闸 1 个监测断面，断面水质类别为劣Ⅴ类，水质状况为重度污染。张庄沟闸断面氨氮、总磷、五日生化需氧量年均浓度值超标，超标倍数分别为 1.67 倍、1.43 倍和 1.18 倍。

## 三、海河流域

### （一）定性评价

2022 年，海河流域水质状况为轻度污染，共监测第三濮清南、卫河、马颊河、老马颊河、濮水河、濮上河、贾庄沟、潴龙河、顺河沟、幸福渠、卫都河、第二濮清南、固城沟、徒骇河、永顺沟、永福沟、理直沟和八里月牙河 18 条主要河流，主要污染指标为总磷、氨氮、化学需氧量。35 个监测断面中，水质符合Ⅰ～Ⅲ类的断面 10 个，占 28.6%；水质符合Ⅳ类的断面 10 个，占 28.6%；水质符合Ⅴ类的断面 9 个，占 25.7%；水质劣于Ⅴ类的断面 6 个，占 17.1%，见图 2-4-7。

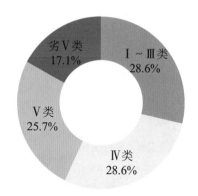

图 2-4-7　2022 年海河流域水质类别比例

海河流域 18 条主要河流中卫都河水质状况为优，卫河和濮上河水质状况为良好，第三濮清南、马颊河、濮水河、贾庄沟、顺河沟、幸福渠、第二濮清南、徒骇河、理直沟水质状况为轻度污染，潴龙河为中度污染，老马颊河、固城沟、永顺沟、永福沟、八里月牙河为重度污染。海河流域平均综合污染指数为 0.461，海河流域河流污染程度排序见图 2-4-8。

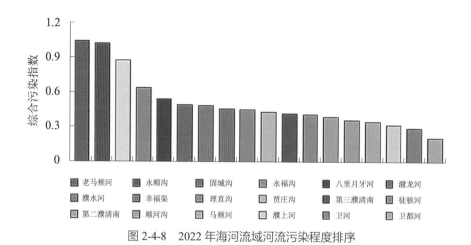

图 2-4-8　2022 年海河流域河流污染程度排序

### （二）主要河流及沿程变化

第三濮清南：共设置中原路桥和苏堤 2 个监测断面。中原路桥断面水质类别为 V 类，水质状况为中度污染；苏堤断面水质类别为 III 类，水质状况为良好。第三濮清南水质状况为轻度污染。中原路桥断面石油类、总磷、氨氮年均浓度值超标，超标倍数分别为 0.93 倍、0.71 倍和 0.20 倍。第三濮清南主要污染指标为石油类、总磷和氨氮，沿程变化见图 2-4-9。

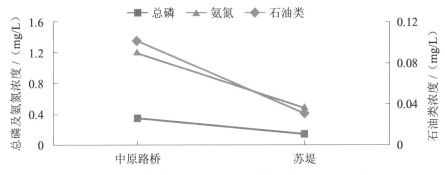

图 2-4-9　2022 年第三濮清南主要污染物年均浓度沿程变化

卫河：共设置 3 个监测断面，分别为涨旺断面、南乐元村集断面和大名龙王庙断面。涨旺断面、南乐元村集和大名龙王庙断面的水质类别均为 III 类，水质状况均为良好。卫河水质状况为良好。

马颊河：市辖流域共设置8个监测断面，濮阳西水坡断面的水质类别为 I 类，水质状况为优；金堤回灌闸断面的水质类别为 IV 类，水质状况为轻度污染；戚城屯桥断面的水质类别为 III 类，水质状况为良好；北里商闸断面的水质类别为 V 类，水质状况为中度污染；马庄桥断面的水质类别为 IV 类，水质状况为轻度污染；北外环路桥断面的水质类别为 V 类，水质状况为中度污染；西吉七断面的水质类别为 V 类，水质状况为中度污染；南乐水文站断面的水质类别为 III 类，水质状况为良好；马颊河水质状况为轻度污染。金堤回灌闸断面总磷年均浓度值超标，超标倍数为0.33倍；北里商闸断面氨氮、总磷、化学需氧量年均浓度值超标，超标倍数分别为0.53倍、0.37倍和0.32倍；马庄桥断面氨氮年均浓度值超标，超标倍数为0.37倍；北外环路桥断面氨氮、总磷、化学需氧量年均浓度值超标，超标倍数分别为0.58倍、0.17倍和0.10倍；西吉七断面氨氮年均浓度值超标，超标倍数为0.75倍。马颊河主要污染指标为氨氮、总磷、化学需氧量，沿程变化见图2-4-10。

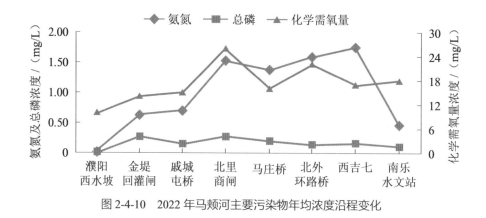

图 2-4-10　2022 年马颊河主要污染物年均浓度沿程变化

老马颊河：设置绿城路桥 1 个监测断面，断面水质类别为劣 V 类，水质状况为重度污染。绿城路桥断面总磷、氨氮、化学需氧量年均浓度值超标，超标倍数分别为 5.64 倍、5.37 倍和 0.53 倍。

濮水河：共设置人民路桥和马颊河闸 2 个监测断面。人民路桥断面的水质类别为 IV 类，水质状况为轻度污染；马颊河闸断面的水质类别为 V 类，水质状况为中度污染。濮水河的水质状况为轻度污染。人民路桥断面化学需氧量、总磷、五日生化需氧量年均浓度值超标，超标倍数分别为 0.38 倍、0.34 倍和 0.33 倍；马颊河闸断面氨氮、氟化物年均浓度值超标，超标倍数分别为 0.91 倍和 0.07 倍。濮水河主要污染指标为氨氮、化学需氧量、总磷，沿程变化见图 2-4-11。

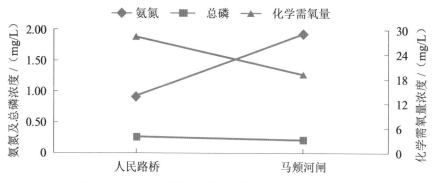

图 2-4-11　2022 年濮水河主要污染物年均浓度沿程变化

濮上河：设置安康苑 1 个监测断面，断面水质类别为 III 类，水质状况为良好。

贾庄沟：设置宁安路桥和胜利路桥 2 个监测断面。宁安路桥断面水质类别为 V 类，水质状况为中度污染；胜利路桥断面水质类别为 Ⅳ 类，水质状况为轻度污染。贾庄沟水质状况为轻度污染。宁安路桥断面氨氮、总磷、五日生化需氧量年均浓度值超标，超标倍数分别为 0.71 倍、0.05 倍和 0.04 倍；胜利路桥断面氨氮、总磷、化学需氧量年均浓度值超标，超标倍数分别为 0.31 倍、0.28 倍和 0.25 倍。贾庄沟主要污染指标为氨氮、总磷、化学需氧量，沿程变化见图 2-4-12。

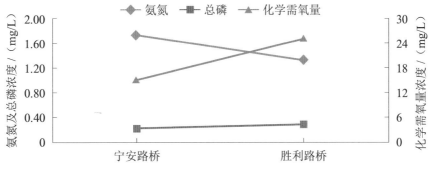

图 2-4-12　2022 年贾庄沟主要污染物年均浓度沿程变化

潴龙河：设置东北庄和齐杨吉道 2 个监测断面。东北庄断面水质类别为 V 类，水质状况为中度污染；齐杨吉道断面水质类别为 Ⅳ 类，水质状况为轻度污染。潴龙河水质状况为中度污染。东北庄断面总磷、氨氮、化学需氧量年均浓度值超标，超标倍数分别为 0.84 倍、0.83 倍和 0.46 倍；齐杨吉道断面氨氮、总磷、化学需氧量年均浓度值超标，超标倍数分别为 0.41 倍、0.29 倍和 0.06 倍。潴龙河主要污染指标为氨氮、总磷、化学需氧量，沿程变化见图 2-4-13。

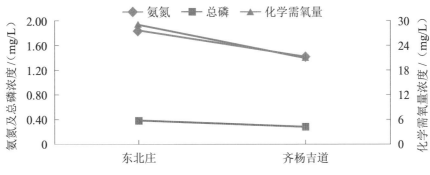

图 2-4-13　2022 年潴龙河主要污染物年均浓度沿程变化

顺河沟：设置孟旧寨 1 个监测断面，断面水质类别为Ⅳ类，水质状况为轻度污染。孟旧寨断面化学需氧量、总磷年均浓度值超标，超标倍数均为 0.02 倍。

幸福渠：设置马寨联合站东 1 个监测断面，断面水质类别为Ⅳ类，水质状况为轻度污染。马寨联合站东断面总磷、氟化物年均浓度值超标，超标倍数分别为 0.35 倍和 0.06 倍。

卫都河：设置卫都路桥和金堤路桥 2 个监测断面。卫都路桥断面和金堤路桥断面的水质类别均为Ⅱ类，水质状况均为优。卫都河水质状况为优。

第二濮清南：设置黄龙潭和张胡庄 2 个监测断面。黄龙潭断面水质类别为Ⅳ类，水质状况为轻度污染；张胡庄断面水质类别为Ⅴ类，水质状况为中度污染。第二濮清南水质状况为轻度污染。黄龙潭断面总磷年均浓度值超标，超标倍数为 0.34 倍；张胡庄断面氨氮、化学需氧量年均浓度值超标，超标倍数分别为 0.59 倍和 0.11 倍。第三濮清南主要污染指标为氨氮、总磷、化学需氧量，沿程变化见图 2-4-14。

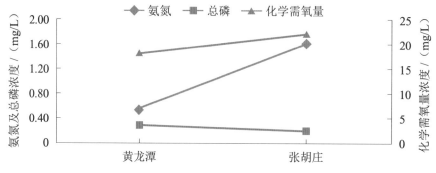

图 2-4-14　第二濮清南主要污染物年均浓度沿程变化

固城沟：设置自来水公司 1 个监测断面，断面水质类别为劣Ⅴ类，水质状况为重度污染。自来水公司断面氨氮、总磷、化学需氧量年均浓度值超标，超标倍数分别为 3.71 倍、2.87 倍和 1.00 倍。

徒骇河：设置阎村和毕屯 2 个监测断面。阎村断面的水质类别为Ⅴ类，水质状况为中度污染；毕屯断面水质类别为Ⅳ类，水质状况为轻度污染。徒骇河水质状况为轻度污染。阎村断面氨氮、化学需氧量、总磷年均浓度值超标，超标倍数分别为 0.55 倍、0.45 倍和 0.39 倍；毕屯断面化学需氧量和高锰酸盐指数年均浓度值超标，超标倍数分别为 0.19 倍和 0.02 倍。徒骇河主要污染指标为化学需氧量、氨氮、总磷，沿程变化见图 2-4-15。

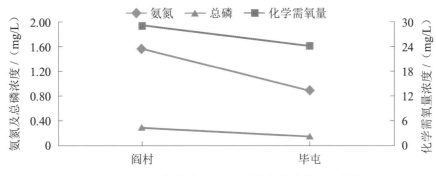

图 2-4-15　2022 年徒骇河主要污染物年均浓度沿程变化

永顺沟：设污水厂和大清村北桥 2 个监测断面。污水厂断面和大清村北桥断面的水质类别均为劣 V 类，水质状况均为重度污染。永顺沟水质状况为重度污染。污水厂断面总磷、氨氮、石油类年均浓度值超标，超标倍数分别为 5.53 倍、4.87 倍和 2.67 倍；大清村北桥断面氨氮、总磷、化学需氧量年均浓度值超标，超标倍数分别为 1.29 倍、0.43 倍和 0.23 倍。永顺沟主要污染指标为总磷、氨氮、石油类，沿程变化见图 2-4-16。

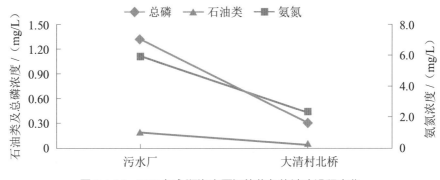

图 2-4-16　2022 年永顺沟主要污染物年均浓度沿程变化

永福沟：设置千口街 1 个监测断面，断面水质类别为劣 V 类，水质状况为重度污染。千口街断面氨氮、总磷、化学需氧量年均浓度值超标，超标倍数分别为 2.69 倍、0.88 倍和 0.30 倍。

理直沟：设置库庄 1 个监测断面，断面水质类别为 IV 类，水质状况为轻度污染。库庄断面化学需氧量、五日生化需氧量、总磷年均浓度值超标，超标倍数分别为 0.47 倍、0.10 倍和 0.08 倍。

八里月牙河：设置蔡紫金 1 个监测断面，断面水质为劣 V 类，水质状况为重度污染。蔡紫金断面氨氮、总磷、化学需氧量年均浓度值超标，超标倍数分别为 1.53 倍、0.92 倍和 0.37 倍。

# 第三节　对比分析

## 一、全市总体评价

为了更全面地掌握濮阳市地表水水质状况，2022 年地表水环境质量监测断面较 2021 年有所调整，新增河流支流、沟渠等断面监测。

与 2021 年相比，濮阳市地表水水质状况无明显变化，水质状况为中度污染，其中黄河流域水质状况为中度污染，水质状况有所变差；海河流域水质状况为轻度污染，水质状况明显好转。全市平均综合污染指数下降 8.5%，见表 2-4-6。

表 2-4-6　2021—2022 年地表水水质状况及综合污染指数变化情况比较

| 年度 | 黄河流域 | | 海河流域 | | 全市 | |
|---|---|---|---|---|---|---|
| | 水质状况 | 污染指数 | 水质状况 | 污染指数 | 水质状况 | 污染指数 |
| 2021 年 | 轻度污染 | 0.557 | 重度污染 | 0.491 | 中度污染 | 0.506 |
| 2022 年 | 中度污染 | 0.466 | 轻度污染 | 0.461 | 中度污染 | 0.463 |
| 两年比较 | 有所变差 | −16.3% | 明显好转 | −6.1% | 无明显变化 | −8.5% |

与 2021 年相比，2022 年全市地表水 I ~ III 类水质断面比例较 2021 年升高 9.3 个百分点，劣 V 类水质断面比例较 2021 年降低 10.6 个百分点，水质状况无明显变化，见图 2-4-2 和表 2-4-7。

表 2-4-7　2021—2022 年水质断面比例变化情况比较

| 流域 | 类别 | 河流数量 /条 | 断面数量 /个 | I ~ III 类断面 /% | IV 类断面 /% | V 类断面 /% | 劣 V 类断面 /% |
|---|---|---|---|---|---|---|---|
| 黄河流域 | 2021 年 | 5 | 8 | 12.5 | 50.0 | 37.5 | 0 |
| | 2022 年 | 13 | 18 | 22.2 | 22.2 | 27.8 | 27.8 |
| | 两年比较 | +8 | +10 | +9.7 | −27.8 | −9.7 | +27.8 |

续表 2-4-7

| 流域 | 类别 | 河流数量 / 条 | 断面数量 / 个 | Ⅰ～Ⅲ类断面 /% | Ⅳ类断面 /% | Ⅴ类断面 /% | 劣Ⅴ类断面 /% |
|---|---|---|---|---|---|---|---|
| 海河流域 | 2021 年 | 12 | 27 | 18.5 | 33.3 | 7.4 | 40.7 |
| | 2022 年 | 18 | 35 | 28.6 | 28.6 | 25.7 | 17.1 |
| | 两年比较 | +6 | +8 | +10.1 | -4.7 | +18.3 | -23.6 |
| 全市 | 2021 年 | 17 | 35 | 17.1 | 37.1 | 14.3 | 31.4 |
| | 2022 年 | 31 | 53 | 26.4 | 26.4 | 26.4 | 20.8 |
| | 两年比较 | +14 | +18 | +9.3 | -10.7 | +12.1 | -10.6 |

全市地表水主要污染物化学需氧量、氨氮、总磷年均浓度值分别为 22 mg/L、1.32 mg/L 和 0.288 mg/L，较 2021 年分别升高 4.8%、降低 28.6% 和升高 10.8%，见图 2-4-17。

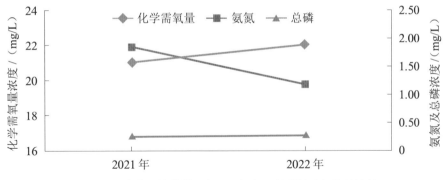

图 2-4-17　全市河流化学需氧量、氨氮、总磷浓度年均值比较

二、黄河流域

与 2021 年相比，黄河流域水质状况有所变差，水质状况为中度污染，平均综合污染指数降低 16.3%。Ⅰ～Ⅲ类水质断面比例升高 9.7 个百分点，Ⅳ类水质断面比例下降 27.8 个百分点，Ⅴ类水质断面比例下降 9.7 个百分点，劣Ⅴ类水质断面比例提高 27.8 个百分点，见表 2-4-7 和图 2-4-18。

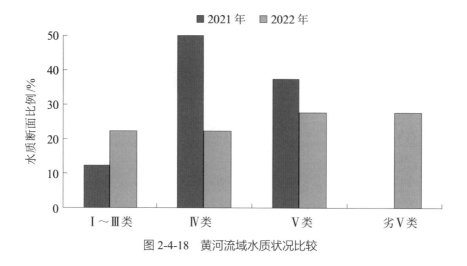

图 2-4-18  黄河流域水质状况比较

与 2021 年相比，黄河流域主要污染指标总磷、化学需氧量年均浓度值均呈上升趋势，污染程度加重，氨氮年均浓度值呈下降趋势，见图 2-4-19。

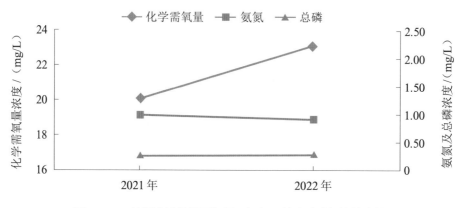

图 2-4-19  黄河流域化学需氧量、氨氮、总磷浓度年均值比较

三、海河流域

与 2021 年相比，海河流域水质状况明显好转，水质状况为轻度污染，平均综合污染指数下降 6.1%。Ⅰ～Ⅲ类水质断面比例提高 10.1 个百分点，Ⅳ类水质断面比例下降 4.7 个百分点，Ⅴ类水质断面比例提高 18.3 个百分点，劣Ⅴ类水质断面比例下降 23.6 个百分点，见表 2-4-7 和图 2-4-20。

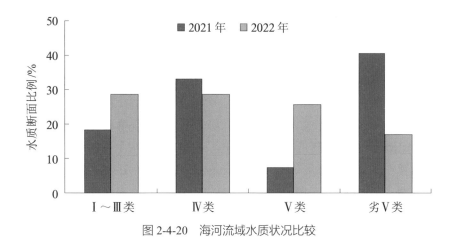

图 2-4-20 海河流域水质状况比较

与 2021 年相比，海河流域主要污染指标总磷、化学需氧量年均浓度值均呈上升趋势，污染程度加重，氨氮年均浓度值呈下降趋势，见图 2-4-21。

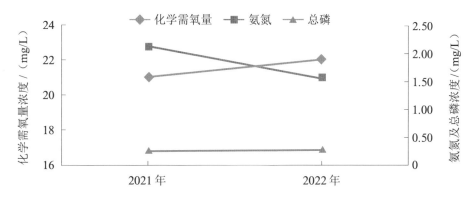

图 2-4-21 海河流域化学需氧量、氨氮、总磷浓度年均值比较

# 第四节 小结和原因分析

## 一、小结

2022 年，濮阳市地表水水质状况为中度污染。全市两大流域 31 条主要河流 53 个断面中，水质符合Ⅰ～Ⅲ类标准的断面有 14 个，占 26.4%，水质符合Ⅳ类标准的断面有 14 个，占 26.4%，水质符合Ⅴ类标准的断面有 14 个，

占 26.4%，劣 V 类水质的断面有 11 个，占 20.8%。全市河流断面主要污染指标为总磷、化学需氧量、氨氮。

与 2021 年相比，濮阳市地表水水质状况无明显变化，水质状况为中度污染，黄河流域水质状况有所变差，水质状况为中度污染，海河流域水质状况明显好转，水质状况为轻度污染，全市平均综合污染指数下降 8.5%。全市地表水 Ⅰ~Ⅲ 类水质断面比例较 2021 年升高 9.3 个百分点，劣 V 类水质断面比例较 2021 年降低 10.6 个百分点；全市地表水主要污染物化学需氧量、氨氮、总磷年均浓度值分别为 22 mg//L、1.32 mg//L 和 0.288 mg//L，较 2021 年分别升高 4.8%、降低 28.6% 和升高 10.8%。地表水环境质量改善任务依然艰巨。

## 二、原因分析

2022 年，濮阳市圆满完成国省控地表水环境质量考核目标，横向水生态补偿率先实施，水污染防治专项行动有序开展，水环境项目申报谋划取得新进展，但全市水环境质量仍然处于全国较差的水平，面临着严峻的形势，地表水环境质量改善任务依然艰巨。分析原因有以下几点原因：

（1）完成地表水责任目标任务艰巨。濮阳市水资源先天禀赋不足，天然径流匮乏，水质不稳定，个别断面不能稳定达标，小沟小汊水生态环境欠佳，特别是辖区河流进入枯水期后，河流生态基流难以保障，自净能力差导致水质进一步恶化。"十四五"时期以来，濮阳市新增了马颊河北外环路桥和徒骇河毕屯 2 个国控断面，其中徒骇河流经南乐县东部，其支流承接南乐县生活污水，不可控因素多、水质不稳定；北外环路桥断面距市区仅 6 km，来水皆为污水处理厂出水，缓冲距离短，与断面目标要求仍有差距，完成目标任务异常艰巨。

（2）水污染治理基础设施薄弱。濮阳市水污染治理基础设施薄弱，城镇污水处理厂基本未配套建设尾水湿地，污水处理厂尾水直排入河，加之部分流域区域水循环不畅、水流量不足、水生态受损、水污染和环境安全隐患并存。近年来，濮阳市城区污水管网不断完善，市建成区主干道基本实现污水管网全覆盖。但市、县建成区一些次干道和支路、老旧小区、城中村、农贸市场普遍存在污雨水不分离现象，马颊河、老马颊河因雨污染的症结难除。

（3）水环境风险防范压力大。濮阳市因油而建，因油而兴，是典型的化工城市，境内化工企业多，环境风险源多，涉及危险化学品种类多，水生态环境污染风险大。加之跨市界、省界河流众多，黄河、金堤河、马颊河、徒骇河均从濮阳出境至其他省份；金堤河、徒骇河部分河段属于豫鲁两省界河，特殊的地理位置，给濮阳市带来了较大的水环境风险防范压力。

下一步濮阳市将紧盯各断面水质数据，及时提醒，科学谋划，做好参谋，同时强力推动各专项行动问题整改，严格考核制度。将项目谋划、问题整改等重要工作纳入水环境质量考核，并严格实施，对未完成目标的断面严格实施限期达标及对其汇水范围限批。加大项目谋划力度。进一步与高等科研院所密切合作，更精准地发现濮阳市水环境存在的问题，并科学谋划项目，不断完善濮阳市基础设施建设，以推动水环境质量改善。加强水环境风险防控，持续开展环境安全隐患排查整治，实行共河共治，完善闸坝调度机制，避免发生重特大跨界水污染事故。

# 第五章　饮用水水源地水质

## 第一节　评价标准与方法

### 一、评价标准

地表饮用水水源地水质评价采用《地表水环境质量标准》（GB 3838—2002）；地下饮用水水源地水质评价采用《地下水质量标准》（GB/T 14848—2017）。

### 二、评价方法

饮用水水源地评价方法采用单项因子评价、综合评价、取水水质达标率评价和水质定性评价。

#### （一）单因子评价

按单因子所在的限制范围确定饮用水水源质量类别，统计评价区内每项评价因子各水质类别水源地占总监测数的百分比。

#### （二）综合评价

（1）达标评价：按照《地表水环境质量标准》（GB 3838—2002）和《地下水质量标准》（GB/T 14848—2017）对饮用水水源地进行水质类别评价，分析饮用水水源地各单项评价因子的污染负荷。

（2）水源地取水水质达标率评价：根据水质达到Ⅲ类标准及标准限值的饮用水水源地取水量，统计饮用水水源地取水水质达标率。

（3）城市区域饮用水水源地水质定性评价：计算评价区域内所有饮用水水源地 P 值，对饮用水水源地的水质进行定性描述评价。

#### （三）对比分析

（1）采用 P 值对年际间水质变化进行分析。

（2）采用优、良饮用水水源地百分比变化，对饮用水水源地水质变化趋势进行分析。

### 三、评价因子

地表饮用水水源地评价因子选择 pH、溶解氧、高锰酸盐指数、五日生化需氧量、氨氮、总磷、铜、锌、氟化物、硒、砷、汞、镉、铬（六价）、铅、氰化物、挥发酚、石油类、阴离子表面活性剂、硫化物、粪大肠菌群、硫酸盐、氯化物、硝酸盐、铁、锰共 26 项。地表水饮用水水源地特定项目的评价因子选择《地表水环境质量标准》（GB 3838—2002）表 3 中所有项目（80 项）。

地下水饮用水水源地评价因子选择 pH、总硬度、溶解性总固体、硫酸盐、氯化物、铁、锰、铜、锌、铝、挥发性酚类、阴离子表面活性剂、耗氧量、氨氮、硫化物、钠、总大肠菌群、菌落总数、亚硝酸盐、硝酸盐、氰化物、氟化物、碘化物、汞、砷、硒、镉、铬（六价）、铅、三氯甲烷、四氯化碳、苯、甲苯、总 α 放射性、总 β 放射性共 35 项。地下水饮用水水源地水质类别评价因子选择《地下水质量标准》（GB/T 14848—2017）表 1、表 2 中所有项目（93 项）。

# 第二节  现状评价

## 一、地表饮用水水源地水质现状

2022 年，濮阳市地表饮用水水源地西水坡调节池和中原油田彭楼，每月进行一次水质监测，7 月进行一次水质全分析监测。县级地表饮用水水源南水北调水厂清丰中州水务有限公司固城水厂和南乐县第三水厂每季度一次水质监测，第二季度进行一次水质全分析监测。

### （一）西水坡调节池水质评价

1. 单因子评价

2022 年，西水坡调节池主要因子评价结果统计见表 2-5-1。

表 2-5-1  2022 年西水坡调节池主要因子评价结果统计            %

| 项目 | 溶解氧 | 高锰酸盐指数 | 五日生化需氧量 | 氨氮 | 总磷 | 氟化物 | 汞 | 铬（六价） | 氰化物 | 挥发酚 | 石油类 | 阴离子表面活性剂 | 粪大肠菌群 |
|---|---|---|---|---|---|---|---|---|---|---|---|---|---|
| Ⅰ类 | 75 | 33.3 | 100 | 50 | 25 | 100 | 100 | 100 | 100 | 100 | 100 | 100 | 83.3 |
| Ⅱ类 | 25 | 58.3 | 0 | 50 | 75 | 0 | 0 | 0 | 0 | 0 | 0 | 0 | 16.7 |
| Ⅲ类 | 0 | 8.3 | 0 | 0 | 0 | 0 | 0 | 0 | 0 | 0 | 0 | 0 | 0 |

1）有机类

高锰酸盐指数年均浓度值为 2.3 mg/L，年均浓度值达到Ⅱ类标准；挥发酚年均浓度值为 0.000 3 mg/L，年均浓度值达到Ⅰ类标准；石油类年均浓度值为 0.01 mg/L，年均浓度值达到Ⅰ类标准；溶解氧年均浓度值为 8.9 mg/L，年均浓度值达到Ⅰ类标准；五日生化需氧量年均浓度值为 1.4 mg/L，年均浓度值达到Ⅰ类标准。

2）非金属无机类

硫酸盐年均浓度值为27.3 mg/L，年均浓度值未超过标准限值；氯化物年均浓度值为5.0 mg/L，年均浓度值未超过标准限值；总磷年均浓度值为 0.03 mg/L，年均浓度值达到Ⅱ类标准；氨氮年均浓度值为0.15 mg/L，年均浓度值达到Ⅰ类标准；硝酸盐年均浓度值为1.10 mg/L，年均浓度值未超过标准限值；氟化物年均浓度值为0.28 mg/L，年均浓度值达到Ⅰ类标准；氰化物年均浓度值为0.001 mg/L，年均浓度值达到Ⅰ类标准；硫化物年均浓度值为0.004 mg/L，年均浓度值达到Ⅰ类标准。

3）金属类

铅、镉、铜、锌、铬（六价）、汞、硒、砷共 8 项评价因子的年均浓度值均达到Ⅰ类标准，铁、锰的年均浓度值均未超过标准限值。

4）其他

pH 年均浓度值为 8.1。阴离子表面活性剂年均浓度值为 0.03 mg/L，年均浓度值达到Ⅰ类标准。粪大肠菌群年均浓度值为 195 个 /L，年均浓度值达到Ⅰ类标准。

5）特定项目

2022 年 7 月,濮阳市地表饮用水水源地西水坡调节池特定项目共监测 1 次，根据《地表水环境质量标准》（GB 3838—2002）表 3 中 80 项特定项目的标准限值进行评价，监测浓度值均低于标准限值。特定项目活性氯、钼、硼、锑、镍、钡、钒、钛共 8 项检出，检出的项次占 10%，未检出的项次占 90%。

2. 综合评价

1）饮用水水源地达标情况

2022 年，濮阳市地表饮用水水源地西水坡调节池 26 项评价因子的年均浓度值均达到Ⅲ类标准要求，水质类别为Ⅱ类。其中，19 项评价因子的年均浓度值达到Ⅰ类标准，2 项评价因子的年均浓度值达到Ⅱ类标准，5 项评价因子的年均浓度值低于标准限值。2022 年，濮阳市地表饮用水水源地西水坡调节池年均浓度值评价的水质综合定性评价指数 $P_j$ 值为 0.41，水质级别为优。水源地达标因子占100%，水质单因子污染指数污染负荷比见图2-5-1、表2-5-2。

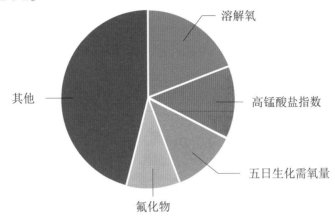

图 2-5-1  2022 年西水坡调节池污染负荷比

表 2-5-2  2022 年西水坡调节池水质单因子污染指数污染负荷系数

| 指标 | 项目 | | | | | | |
|------|------|------|------|------|------|------|------|
| | 溶解氧 | 高锰酸盐指数 | 五日生化需氧量 | 氨氮 | 总磷 | 铜 | 锌 |
| $P_i$ | 0.561 8 | 0.383 3 | 0.35 | 0.15 | 0.15 | 0.003 | 0.003 |
| $f_i/\%$ | 19.2 | 13.1 | 12.0 | 5.13 | 5.13 | 0.103 | 0.103 |
| 指标 | 项目 | | | | | | |
| | 氟化物 | 硒 | 砷 | 汞 | 镉 | 铬（六价） | 铅 |
| $P_i$ | 0.28 | 0.02 | 0.006 | 0.2 | 0.01 | 0.04 | 0.012 |
| $f_i/\%$ | 9.57 | 0.684 | 0.205 | 6.84 | 0.342 | 1.37 | 0.410 |
| 指标 | 项目 | | | | | | |
| | 氰化物 | 挥发酚 | 石油类 | 阴离子表面活性剂 | 硫化物 | 粪大肠菌群 | 硫酸盐 |
| $P_i$ | 0.005 | 0.06 | 0.2 | 0.15 | 0.02 | 0.019 5 | 0.109 2 |
| $f_i/\%$ | 0.171 | 2.05 | 6.84 | 5.13 | 0.684 | 0.666 | 3.73 |
| 指标 | 项目 | | | | | | |
| | 氯化物 | 硝酸盐 | 铁 | 锰 | $\Sigma P_i$ | $P_j$ | — |
| $P_i$ | 0.02 | 0.11 | 0.033 | 0.03 | 2.925 8 | 0.41 | — |
| $f_i/\%$ | 0.684 | 3.76 | 1.13 | 1.03 | — | | — |

**注**：本书计算百分比时，因数据四舍五入而导致百分比总和不等于100%，全书同。

2）取水水质达标率

2022 年，濮阳市地表饮用水水源地西水坡调节池的总取水量为 5 446 万 t，取水水质达标率为 100%。取水水质达标情况见表 2-5-3。

表 2-5-3　2022 年西水坡调节池取水水质达标情况统计

| 达标情况 | 月份 | | | | | | | | | | | |
|---|---|---|---|---|---|---|---|---|---|---|---|---|
| | 1 | 2 | 3 | 4 | 5 | 6 | 7 | 8 | 9 | 10 | 11 | 12 |
| 水质类别 | Ⅱ | Ⅱ | Ⅱ | Ⅱ | Ⅱ | Ⅱ | Ⅱ | Ⅱ | Ⅲ | Ⅱ | Ⅱ | Ⅱ |
| 达标率 /% | 100 | 100 | 100 | 100 | 100 | 100 | 100 | 100 | 100 | 100 | 100 | 100 |
| 执行标准 | 《地表水环境质量标准》（GB 3838—2002）Ⅲ类 | | | | | | | | | | | |

### （二）中原油田彭楼水质评价

1. 单因子评价

2022 年，中原油田彭楼水质综合评价结果统计见表 2-5-4。

表 2-5-4　2022 年中原油田彭楼主要因子评价结果统计　　　　　　　%

| 项目 | 溶解氧 | 高锰酸盐指数 | 五日生化需氧量 | 氨氮 | 总磷 | 铜 | 氟化物 | 挥发酚 | 阴离子表面活性剂 | 粪大肠菌群 | 硫酸盐 | 氯化物 | 硝酸盐 |
|---|---|---|---|---|---|---|---|---|---|---|---|---|---|
| Ⅰ类 | 91.7 | 16.7 | 100 | 16.7 | 0 | 91.7 | 100 | 100 | 100 | 33.3 | 100 | 100 | 100 |
| Ⅱ类 | 8.3 | 83.3 | 0 | 75 | 66.7 | 8.3 | 0 | 0 | 0 | 66.7 | 0 | 0 | 0 |
| Ⅲ类 | 0 | 0 | 0 | 8.3 | 33.3 | 0 | 0 | 0 | 0 | 0 | 0 | 0 | 0 |

1）有机类

高锰酸盐指数年均浓度值为 2.4 mg/L，年均浓度值达到Ⅱ类标准；挥发酚年均浓度值为 0.000 8 mg/L，年均浓度值达到Ⅰ类标准；石油类年均浓度值为 0.006 mg/L，年均浓度值达到Ⅰ类标准；溶解氧年均浓度值为 10.0 mg/L，年均浓度值达到Ⅰ类标准；五日生化需氧量年均浓度值为 1.6 mg/L，年均浓度值达到Ⅰ类标准。

2）非金属无机类

硫酸盐年均浓度值为 165 mg/L，年均浓度值未超过标准限值；氯化物年均浓度值为 88.8 mg/L，年均浓度值未超过标准限值；总磷年均浓度值为 0.08 mg/L，年均浓度值达到Ⅱ类标准；氨氮年均浓度值为 0.27 mg/L，年均浓度值达到Ⅱ类标准；硝酸盐年均浓度值为 2.68 mg/L，年均浓度值未超过标准限值；氟化物年均浓度值为 0.62 mg/L，年均浓度值达到Ⅰ类标准；氰化物年均浓度值为 0.001 mg/L，年均浓度值达到Ⅰ类标准；硫化物年均浓度值为 0.004 mg/L，年均浓度值达到Ⅰ类标准。

3）金属类

铅、镉、铜、锌、铬（六价）、汞、硒、砷共 8 项评价因子的年均浓度值均达到Ⅰ类标准，铁、锰的年均浓度值均未超过标准限值。

4）其他

pH 年均浓度值为 8.2。阴离子表面活性剂年均浓度值为 0.03 mg/L，年均浓度值达到Ⅰ类标准。粪大肠菌群年均浓度值为 321 个 /L，年均浓度值达到Ⅱ类标准。

5）特定项目

2022 年 7 月, 濮阳市地表饮用水水源地中原油田彭楼特定项目共监测 1 次，根据《地表水环境质量标准》（GB 3838—2002）表 3 中 80 项特定项目的标准限值进行评价，监测浓度值均低于标准限值。特定项目活性氯、钼、硼、锑、镍、钡、钒、钛共 8 项检出，检出的项次占 10%，未检出的项次占 90%。

2. 综合评价

1）饮用水水源地达标情况

2022 年，濮阳市地表饮用水水源地中原油田彭楼 26 项评价因子的年均浓度值均达到Ⅲ类标准要求，水质类别为Ⅱ类。其中，17 项评价因子的年均浓度值达到Ⅰ类标准，4 项监测因子的年均浓度值达到Ⅱ类标准，5 项评价因子的年均浓度值低于标准限值。2022 年，中原油田彭楼年均浓度值评价的水质综合定性评价指数 $P_j$ 值为 0.49，水质级别为优。水源地达标因子占 100%，水质单因子污染指数污染负荷比见图 2-5-2 和表 2-5-5。

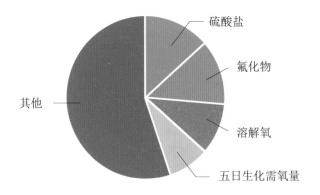

图 2-5-2　2022 年中原油田彭楼污染负荷比

表 2-5-5　2022 年中原油田彭楼水质单因子污染指数污染负荷系数

| 指标 | 项目 | | | | | | |
|---|---|---|---|---|---|---|---|
| | 溶解氧 | 高锰酸盐指数 | 五日生化需氧量 | 氨氮 | 总磷 | 铜 | 锌 |
| $P_i$ | 0.5 | 0.4 | 0.4 | 0.27 | 0.4 | 0.004 | 0.003 |
| $f_i$/% | 10.3 | 8.25 | 8.25 | 5.57 | 8.25 | 0.083 | 0.062 |

| 指标 | 项目 | | | | | | |
|---|---|---|---|---|---|---|---|
| | 氟化物 | 硒 | 砷 | 汞 | 镉 | 铬（六价） | 铅 |
| $P_i$ | 0.62 | 0.02 | 0.008 | 0.2 | 0.012 | 0.08 | 0.012 |
| $f_i$/% | 12.8 | 0.413 | 0.165 | 4.13 | 0.248 | 1.65 | 0.248 |

| 指标 | 项目 | | | | | | |
|---|---|---|---|---|---|---|---|
| | 氰化物 | 挥发酚 | 石油类 | 阴离子表面活性剂 | 硫化物 | 粪大肠菌群 | 硫酸盐 |
| $P_i$ | 0.005 | 0.16 | 0.12 | 0.15 | 0.02 | 0.032 1 | 0.66 |
| $f_i$/% | 0.103 | 3.30 | 2.48 | 3.10 | 0.413 | 0.662 | 13.6 |

| 指标 | 项目 | | | | | |
|---|---|---|---|---|---|---|
| | 氯化物 | 硝酸盐 | 铁 | 锰 | $\Sigma P_i$ | $P_j$ | — |
| $P_i$ | 0.355 2 | 0.268 | 0.066 7 | 0.08 | 4.846 | 0.49 | — |
| $f_i$/% | 7.33 | 5.53 | 1.38 | 1.65 | — | | — |

2）取水水质达标率

2022 年，濮阳市地表饮用水水源地中原油田彭楼的总取水量为 1 043.7 万 t，取水水质达标率为 100%。取水水质达标情况见表 2-5-6。

表 2-5-6　2022 年中原油田彭楼取水水质达标情况统计

| 达标情况 | 月份 | | | | | | | | | | | |
|---|---|---|---|---|---|---|---|---|---|---|---|---|
| | 1 | 2 | 3 | 4 | 5 | 6 | 7 | 8 | 9 | 10 | 11 | 12 |
| 水质类别 | Ⅱ | Ⅱ | Ⅱ | Ⅲ | Ⅱ | Ⅱ | Ⅲ | Ⅱ | Ⅲ | Ⅲ | Ⅱ | Ⅲ |
| 达标率 /% | 100 | 100 | 100 | 100 | 100 | 100 | 100 | 100 | 100 | 100 | 100 | 100 |
| 执行标准 | 《地表水环境质量标准》（GB 3838—2002）Ⅲ类 | | | | | | | | | | | |

### （三）县级南水北调水厂水质评价

**1. 清丰中州水务有限公司固城水厂**

1）单项指标评价

（1）有机类。

高锰酸盐指数年均浓度值为 2.5 mg/L，年均浓度值达到Ⅱ类标准；挥发酚年均浓度值为 0.000 15 mg/L，年均浓度值达到Ⅰ类标准；石油类年均浓度值为 0.015 mg/L，年均浓度值达到Ⅰ类标准；溶解氧年均浓度值为 9.1 mg/L，年均浓度值达到Ⅰ类标准；五日生化需氧量年均浓度值为 1.9 mg/L，年均浓度值达到Ⅰ类标准。

（2）非金属无机类。

硫酸盐年均浓度值为 14.1 mg/L，年均浓度值未超过标准限值；氯化物年均浓度值为 5.58 mg/L，年均浓度值未超过标准限值；总磷年均浓度值为 0.02 mg/L，年均浓度值达到Ⅰ类标准；氨氮年均浓度值为 0.49 mg/L，年均浓度值达到Ⅱ类标准；硝酸盐年均浓度值为 0.334 mg/L，年均浓度值未超过标准限值；氟化物年均浓度值为 0.29 mg/L，年均浓度值达到Ⅰ类标准；氰化物年均浓度值为 0.002 mg/L，年均浓度值达到Ⅰ类标准；硫化物年均浓度值为 0.004 mg/L，年均浓度值达到Ⅰ类标准。

（3）金属类。

铅、镉、铜、锌、铬（六价）、汞、硒、砷共 8 项评价因子的年均浓度值均达到Ⅰ类标准，铁、锰的年均浓度值均未超过标准限值。

（4）其他。

pH 年均浓度值为 8.2。阴离子表面活性剂年均浓度值为 0.025 mg/L，年均浓度值达到Ⅰ类标准。粪大肠菌群年均浓度值为 75 个 /L，年均浓度值达到Ⅰ类标准。

（5）特定项目。

2022 年第二季度，清丰中州水务有限公司固城水厂特定项目共监测 1 次，根据《地表水环境质量标准》（GB 3838—2002）表 3 中 80 项特定项目的标准限值进行评价，监测浓度值均低于标准限值。特定项目活性氯、钡共 2 项检出，检出的项次占 2.5%，未检出的项次占 97.5%。

2）综合评价

（1）饮用水水源地达标情况。

2022 年，清丰中州水务有限公司固城水厂 26 项评价因子的年均浓度值均达到Ⅲ类标准要求，水质类别为Ⅱ类。其中，19 项评价因子的年均浓度值达到Ⅰ类标准，2项监测因子的年均浓度值达到Ⅱ类标准，5项评价因子的年均浓度值低于标准限值。2022年，清丰中州水务有限公司固城水厂年均浓度值评价的水质综合定性评价指数 $P_j$ 值为0.40，水质级别为优。水源地达标因子占100%。

（2）取水水质达标率。

2022年，清丰中州水务有限公司固城水厂的总取水量为683.1万t，取水水质达标率为100%。取水水质达标情况见表2-5-7。

表2-5-7　2022年县级南水北调水厂取水水质达标情况统计

| 达标情况 | 清丰中州水务有限公司固城水厂 | | | | 南乐县第三水厂 | | | |
|---|---|---|---|---|---|---|---|---|
| | 一季度 | 二季度 | 三季度 | 四季度 | 一季度 | 二季度 | 三季度 | 四季度 |
| 水质类别 | Ⅱ | Ⅱ | Ⅲ | Ⅲ | Ⅱ | Ⅱ | Ⅱ | Ⅱ |
| 达标率/% | 100 | 100 | 100 | 100 | 100 | 100 | 100 | 100 |
| 执行标准 | 《地表水环境质量标准》（GB 3838—2002）Ⅲ类 | | | | | | | |

2.南乐县第三水厂

1）单项指标评价

（1）有机类。

高锰酸盐指数年均浓度值为2.1 mg/L，年均浓度值达到Ⅱ类标准；挥发酚年均浓度值为0.000 15 mg/L，年均浓度值达到Ⅰ类标准；石油类年均浓度值为0.01 mg/L，年均浓度值达到Ⅰ类标准；溶解氧年均浓度值为9.5 mg/L，年均浓度值达到Ⅰ类标准；五日生化需氧量年均浓度值为1.8 mg/L，年均浓度值达到Ⅰ类标准。

（2）非金属无机类。

硫酸盐年均浓度值为26.8 mg/L，年均浓度值未超过标准限值；氯化物年均浓度值为24.8 mg/L，年均浓度值未超过标准限值；总磷年均浓度值为0.06 mg/L，年均浓度值达到Ⅱ类标准；氨氮年均浓度值为0.12 mg/L，年均浓度值达到Ⅰ类标准；硝酸盐年均浓度值为1.06 mg/L，年均浓度值未超过标准限值；氟化物年均浓度值为0.25 mg/L，年均浓度值达到Ⅰ类标准；氰化物年均浓度值为0.002 mg/L，年均浓度值达到Ⅰ类标准；硫化物年均浓度值为0.004 mg/L，年均浓度值达到Ⅰ类标准。

（3）金属类。

铅、镉、铜、锌、铬（六价）、汞、硒、砷共8项评价因子的年均浓度值均达到Ⅰ类标准，铁、锰的年均浓度值均未超过标准限值。

（4）其他。

pH 年均浓度值为 8.2。阴离子表面活性剂年均浓度值为 0.025 mg/L，年均浓度值达到Ⅰ类标准。粪大肠菌群年均浓度值为 50 个 /L，年均浓度值达到Ⅰ类标准。

（5）特定项目。

2022 年第二季度，南乐县第三水厂特定项目共监测 1 次，根据《地表水环境质量标准》（GB 3838—2002）表 3 中 80 项特定项目的标准限值进行评价，监测浓度值均低于标准限值。特定项目活性氯、钡共 2 项检出，检出的项次占 2.5%，未检出的项次占 97.5%。

2）综合评价

（1）饮用水水源地达标情况。

2022 年，南乐县第三水厂 26 项评价因子的年均浓度值均达到Ⅲ类标准要求，水质类别为Ⅱ类。其中，19 项评价因子的年均浓度值达到Ⅰ类标准，2 项监测因子的年均浓度值达到Ⅱ类标准，5 项评价因子的年均浓度值低于标准限值。2022 年，南乐县第三水厂年均浓度值评价的水质综合定性评价指数 $P_j$ 为 0.38，水质级别为优。水源地达标因子占 100%。

（2）取水水质达标率。

2022 年，南乐县第三水厂的总取水量为 586.8 万 t，取水水质达标率为 100%。取水水质达标情况见表 2-5-7。

## 二、地下饮用水水源地水质现状

### （一）市级饮用水水源地

2022 年，濮阳市地下饮用水水源地李子园地下水井群，每月进行一次水质监测，7 月进行一次水质全分析监测。

1. 单项指标评价

1）一般化学指标

色的年均值为5，年均值达到Ⅰ类标准；嗅和味的年均值为无，年均值达到Ⅰ类标准；浑浊度的年均值为0.8 NTU，年均值达到Ⅰ类标准；肉眼可见物的年均值为无，年均值达到Ⅰ类标准；pH的年均浓度值为7.6，年均浓度值达到Ⅰ类标准；总硬度的年均浓度值为331 mg/L，年均浓度值达到Ⅲ类标准；溶解性总固体的年均浓度值为731 mg/L，年均浓度值达到Ⅲ类标准；硫酸盐的年均浓度值为96.0 mg/L，年均浓度值达到Ⅱ类标准；氯化物的年均浓度值为97.6 mg/L，年均浓度值达到Ⅱ类标准；铁的年均浓度值为0.01 mg/L，年均浓度值达到Ⅰ类标准；锰的年均浓度值为0.062 mg/L，年均浓度值达到Ⅲ类标准；铜的年均浓度值为0.004 mg/L，年均浓度值达到Ⅰ类标准；锌的年均浓度值为0.002 mg/L，年均浓度值达到Ⅰ类标准；铝的年均浓度值为0.022 5 mg/L，年均浓度值达到Ⅱ类标准；挥发性酚类的年均浓度值为0.000 17 mg/L，年均浓度值达到Ⅰ类标准；阴离子表面活性剂的年均浓度值为0.025 mg/L，年均浓度值达到Ⅰ类标准；耗氧量的年均浓度值为0.9 mg/L，年均浓度值达到Ⅰ类标准；氨氮的年均浓度值为0.13 mg/L，年均浓度值达到Ⅲ类标准；硫化物的年均浓度值为0.005 mg/L，年均浓度值达到Ⅰ类标准；钠的年均浓度值为84.7 mg/L，年均浓度值达到Ⅰ类标准。

2）微生物指标

总大肠菌群年均值为 0.2 MPN/（100 mL），年均值达到Ⅰ类标准；菌落总数年均值为 28 CFU/mL，年均值达到Ⅰ类标准。

3）毒理学指标

亚硝酸盐年均浓度值为 0.001 5 mg/L，年均浓度值达到Ⅰ类标准；硝酸盐年均浓度值为 0.164 mg/L，年均浓度值达到Ⅰ类标准；氰化物年均浓度值为 0.001 mg/L，年均浓度值达到Ⅰ类标准；氟化物年均浓度值为 0.858 mg/L，年均浓度值达到Ⅰ类标准；碘化物年均浓度值为 0.013 5 mg/L，年均浓度值达到Ⅰ类标准；汞、砷、硒、镉、铬（六价）、铅年均浓度值均达到Ⅰ类标准；三氯甲烷、四氯化碳、苯、甲苯年均浓度值均达到Ⅰ类标准。

4）放射性指标

总 α 放射性年均浓度值为 0.117 Bq/L，年均浓度值达到Ⅲ类标准；总 β 放射性年均浓度值为 0.122 Bq/L，年均浓度值达到Ⅱ类标准。

5）非常规指标

2022 年 7 月，濮阳市地下饮用水水源地李子园地下水井群非常规指标共监测 1 次，根据《地下水质量标准》（GB/T 14848—2017）表 2 中 54 项非常规指标的限值范围进行评价，未检出指标 50 项，未检出的指标占 92.6%，硼、钡、镍、钼共 4 项检出，检出的指标占 7.4%。硼浓度值为 0.184 mg/L，达到Ⅲ类标准；钡浓度值为 0.080 8 mg/L，达到Ⅱ类标准；镍浓度值为 0.000 34 mg/L，达到Ⅰ类标准；钼浓度值为 0.005 1 mg/L，达到Ⅱ类标准。

2. 综合评价

2022 年，濮阳市地下饮用水水源地李子园地下水井群 39 项常规指标的年均浓度值均达到Ⅲ类标准要求，综合类别为Ⅲ类，Ⅲ类指标为总硬度、溶解性总固体、锰、氨氮和总 α 放射性。

其中，30 项指标的年均浓度值达到Ⅰ类标准，4 项指标的年均浓度值达到Ⅱ类标准，5 项指标的年均浓度值达到Ⅲ类标准。水质综合定性评价指数 $P_j$ 值为 0.62，水质级别良好。水源地达标指标占 100%，水质单指标污染指数污染负荷比见图 2-5-3 和表 2-5-8。

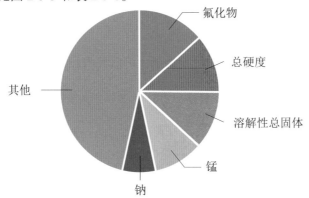

图 2-5-3　2022 年李子园地下水井群污染负荷比

表 2-5-8　2022 年李子园地下水井群水质单指标污染指数污染负荷系数

| 指标 | 项目 | | | | | | | | |
|---|---|---|---|---|---|---|---|---|---|
| | 总硬度 | 溶解性总固体 | 硫酸盐 | 氯化物 | 铁 | 锰 | 铜 | 锌 | 铝 |
| $P_i$ | 0.735 6 | 0.731 | 0.384 0 | 0.390 4 | 0.033 3 | 0.62 | 0.004 | 0.002 | 0.112 5 |
| $f_i$/% | 11.6 | 11.6 | 6.07 | 6.17 | 0.527 | 9.80 | 0.063 | 0.032 | 1.78 |

| 指标 | 项目 | | | | | | | | |
|---|---|---|---|---|---|---|---|---|---|
| | 挥发酚 | 阴离子表面活性剂 | 耗氧量 | 氨氮 | 硫化物 | 钠 | 亚硝酸盐 | 硝酸盐 | 氰化物 |
| $P_i$ | 0.085 | 0.083 3 | 0.3 | 0.26 | 0.25 | 0.423 5 | 0.001 5 | 0.008 2 | 0.02 |
| $f_i$/% | 1.34 | 1.32 | 4.74 | 4.11 | 3.95 | 6.70 | 0.024 | 0.130 | 0.316 |

| 指标 | 项目 | | | | | | | | |
|---|---|---|---|---|---|---|---|---|---|
| | 氟化物 | 碘化物 | 汞 | 砷 | 硒 | 镉 | 铬（六价） | 铅 | 三氯甲烷 |
| $P_i$ | 0.858 | 0.168 8 | 0.02 | 0.05 | 0.02 | 0.01 | 0.04 | 0.06 | 0.006 7 |
| $f_i$/% | 13.6 | 2.67 | 0.316 | 0.791 | 0.316 | 0.158 | 0.632 | 0.949 | 0.106 |

| 指标 | 项目 | | | | | | | | |
|---|---|---|---|---|---|---|---|---|---|
| | 四氯化碳 | 苯 | 甲苯 | 总 α 放射性 | 总 β 放射性 | $\sum P_i$ | $P_j$ 值 | — | — |
| $P_i$ | 0.25 | 0.04 | 0.000 6 | 0.234 | 0.122 | 6.324 4 | 0.62 | — | — |
| $f_i$/% | 3.95 | 0.632 | 0.009 | 3.70 | 1.93 | — | | — | — |

### （二）县级饮用水水源地

2022 年，濮阳市县级地下饮用水水源地每半年进行一次水质监测，上半年进行一次水质全分析监测。濮阳市县级地下饮用水水源地为清丰县八里庄地下水井群、南乐县第二水厂地下水井群、范县老城区地下水井群、范县新城区地下水井群、台前县自来水厂。

**1. 单项指标评价**

2022 年，5 个县级饮用水水源地主要监测指标评价结果统计见表 2-5-9。

表 2-5-9　2022 年县级饮用水水源地主要指标评价结果统计　　　　%

| 项目 | 总硬度 | 溶解性总固体 | 硫酸盐 | 氯化物 | 锰 | 氨氮 | 钠 | 氟化物 | 总 α放射性 |
|---|---|---|---|---|---|---|---|---|---|
| Ⅰ类 | 40 | 0 | 0 | 0 | 80 | 0 | 20 | 40 | 20 |
| Ⅱ类 | 30 | 0 | 20 | 20 | 0 | 50 | 0 | 0 | 0 |
| Ⅲ类 | 10 | 20 | 0 | 50 | 0 | 50 | 10 | 0 | 80 |
| Ⅳ类 | 10 | 70 | 30 | 20 | 20 | 0 | 70 | 60 | 0 |
| Ⅴ类 | 10 | 10 | 50 | 10 | 0 | 0 | 0 | 0 | 0 |

1）一般化学指标

色的年均值基本稳定在 5，年均值均达到Ⅰ类标准；嗅和味均为无，年均值均达到Ⅰ类标准；浑浊度的年均值范围为 0.8～1.2 NTU，年均值达到Ⅰ类标准；肉眼可见物均为无，年均值均达到Ⅰ类标准；pH 为 7.6～7.9，年均浓度值均达到Ⅰ类标准；总硬度的年均浓度值范围为 118～726 mg/L，40%的水源地年均浓度值达到Ⅰ类标准，40%的水源地年均浓度值达到Ⅱ类标准，20%的水源地年均浓度值符合Ⅴ类标准；溶解性总固体的年均浓度值范围为 694～1 715 mg/L，20%的水源地年均浓度值达到Ⅲ类标准，80%的水源地年均浓度值达到Ⅳ类标准；硫酸盐的年均浓度值范围为 120～472 mg/L，20%的水源地年均浓度值达到Ⅱ类标准，20%的水源地年均浓度值达到Ⅳ类标准，60%的水源地年均浓度值符合Ⅴ类标准；氯化物的年均浓度值范围为 104～438 mg/L，20%的水源地年均浓度值达到Ⅱ类标准，40%的水源地年均浓度值达到Ⅲ类标准，20%的水源地年均浓度值达到Ⅳ类标准，20%的水源地年均浓度值达到Ⅴ类标准；铁的年均浓度值范围为 0.01～0.03 mg/L，年均浓度值均达到Ⅰ类标准；锰的年均浓度值范围为 0.002～0.085 mg/L，60%的水源地年均浓度值达到Ⅰ类标准，40%的水源地年均浓度值达到Ⅲ类标准；

铜的年均浓度值基本稳定在0.006 mg/L，年均浓度值均达到Ⅰ类标准；锌的年均浓度值范围为0.002～0.004 mg/L，年均浓度值均达到Ⅰ类标准；铝的年均浓度值范围为0.018 1～0.019 1 mg/L，年均浓度值均达到Ⅱ类标准；挥发性酚类的年均浓度值范围为0.000 15～0.000 7 mg/L，年均浓度值均达到Ⅰ类标准；阴离子表面活性剂的年均浓度值范围为0.025～0.04 mg/L，年均浓度值均达到Ⅰ类标准；耗氧量的年均浓度值范围为0.8～1.0 mg/L，年均浓度值均达到Ⅰ类标准；氨氮的年均浓度值范围为0.06～0.16 mg/L，60%的水源地年均浓度值达到Ⅱ类标准，40%的水源地年均浓度值达到Ⅲ类标准；硫化物的年均浓度值基本稳定在0.005 mg/L，年均浓度值均达到Ⅰ类标准；钠的年均浓度值范围为93.6～304 mg/L，20%的水源地年均浓度值达到Ⅰ类标准，80%的水源地年均浓度值达到Ⅳ类标准。

2）微生物指标

总大肠菌群的年均浓度值范围为 0.15 ～ 0.72 MPN/（100 mL），年均浓度值均达到Ⅰ类标准；菌落总数的年均浓度值范围为 22 ～ 42 CFU/mL，年均浓度值均达到Ⅰ类标准。

3）毒理学指标

亚硝酸盐的年均浓度值基本稳定在0.001 5 mg/L，年均浓度值均达到Ⅰ类标准；硝酸盐的年均浓度值范围为0.242～1.98 mg/L，年均浓度值均达到Ⅰ类标准；氰化物的年均浓度值基本稳定在0.001 mg/L，年均浓度值均达到Ⅰ类标准；氟化物的年均浓度值范围为0.71～1.75 mg/L，20%的水源地年均浓度值达到Ⅰ类标准，80%的水源地年均浓度值达到Ⅳ类标准；碘化物的年均浓度值基本稳定在0.012 5 mg/L，年均浓度值均达到Ⅰ类标准；汞的年均浓度值范围为0.000 02～0.000 04 mg/L，年均浓度值均达到Ⅰ类标准；砷的年均浓度值范围为0.000 15～0.000 5 mg/L，年均浓度值均达到Ⅰ类标准；硒的年均浓度值基本稳定在0.000 2 mg/L，年均浓度值均达到Ⅰ类标准；镉的年均浓度值基本稳定在0.000 05 mg/L，年均浓度值均达到Ⅰ类标准；铬（六价）的年均浓度值基本稳定在0.002 mg/L，年均浓度值均达到Ⅰ类标准；铅的年均浓度值范围为0.000 5～0.000 8 mg/L，年均浓度值均达到Ⅰ类标准；三氯甲烷的年均浓度值基本稳定在0.4 μg/L，年均浓度值均达到Ⅰ类标准；四氯化碳的年均浓度值基本稳定在0.5 μg/L，年均浓度值均达到Ⅰ类标准；苯的年均浓度值基本稳定在0.4 μg/L，年均浓度值均达到Ⅰ类标准；甲苯的年均浓度值基本稳定在0.4 μg/L，年均浓度值均达到Ⅰ类标准。

4）放射性指标

总 α 放射性的年均浓度值范围为 0.108～0.178 Bq/L，年均浓度值均达到
Ⅲ类标准；总 β 放射性的年均浓度值范围为 0.057～0.128 Bq/L，40%的水源
地年均浓度值达到Ⅰ类标准，60%的水源地年均浓度值达到Ⅱ类标准。

5）非常规指标

2022 年上半年，濮阳市县级地下饮用水源非常规指标共监测 1 次，根
据《地下水质量标准》（GB/T 14848—2017）表 2 中 54 项非常规指标的限
值范围进行评价。清丰县八里庄地下水井群未检出指标 53 项，检出指标 1
项为钡，浓度值为 0.070 mg/L，达到Ⅱ类标准；南乐县第二水厂地下水井群
未检出指标 53 项，检出指标 1 项为钡，浓度值为 0.024 mg/L，达到Ⅱ类标
准；范县老城区地下水井群未检出指标 53 项，检出指标 1 项为钡，浓度值
为 0.011 mg/L，达到Ⅱ类标准；范县新城区地下水井群未检出指标 52 项，
检出指标 2 项为钡和钼，钡浓度值为 0.014 mg/L，达到Ⅱ类标准，钼浓度值
为 0.04 mg/L，达到Ⅲ类标准；台前县自来水厂未检出指标 51 项，检出指
标 3 项为硼、钡和钼，硼浓度值为 0.49 mg/L，达到Ⅲ类标准，钡浓度值为
0.013 mg/L，达到Ⅱ类标准，钼浓度值为 0.04 mg/L，达到Ⅲ类标准。

2. 综合评价

2022 年，全市 5 个县级地下饮用水水源地达标评价类别，2 个达到Ⅳ类
标准，3 个符合Ⅴ类标准。清丰县八里庄地下水井群、南乐县第二水厂地下
水井群、范县老城区地下水井群、范县新城区地下水井群、台前县自来水厂
水质级别均为轻污染，见表 2-5-10。

表 2-5-10　2022 年县级地下饮用水水源地水质状况

| 县级名称 | 水源地名称 | 水质类别 | 水质定性评价 | |
|---|---|---|---|---|
| | | | $P_j$ 值 | 级别 |
| 清丰县 | 清丰县八里庄地下水井群 | Ⅳ | 0.82 | 轻污染 |
| 南乐县 | 南乐县第二水厂地下水井群 | Ⅴ | 1.27 | 轻污染 |
| 范县 | 范县老城区地下水井群 | Ⅴ | 1.35 | 轻污染 |
| | 范县新城区地下水井群 | Ⅳ | 0.99 | 轻污染 |
| 台前县 | 台前县自来水厂 | Ⅴ | 1.25 | 轻污染 |

# 第三节　对比分析

## 一、地表饮用水水源地

### （一）市级饮用水水源地

#### 1. 单因子评价

与 2021 年相比，2022 年濮阳市地表饮用水水源地西水坡调节池 26 项评价因子中，高锰酸盐指数浓度上升，水质类别由 Ⅰ 类变为 Ⅱ 类，其他因子年际间无变化，见表 2-5-11；濮阳市地表饮用水水源地中原油田彭楼 26 项评价因子的年均浓度值稍有波动，年际间无变化，见表 2-5-12。

表 2-5-11　2021—2022 年西水坡调节池部分评价因子年均值比较

| 项目 | 2021 年 | | 2022 年 | | 水质类别变化情况 |
|---|---|---|---|---|---|
| | 年均值 | 水质类别 | 年均值 | 水质类别 | |
| 溶解氧 /（mg/L） | 9.37 | Ⅰ | 8.9 | Ⅰ | 无 |
| 高锰酸盐指数 /（mg/L） | 2.0 | Ⅰ | 2.3 | Ⅱ | 有，由 Ⅰ 类变为 Ⅱ 类 |
| 生化需氧量 /（mg/L） | 1.6 | Ⅰ | 1.4 | Ⅰ | 无 |
| 氨氮 /（mg/L） | 0.14 | Ⅰ | 0.15 | Ⅰ | 无 |
| 总磷 /（mg/L） | 0.05 | Ⅱ | 0.03 | Ⅱ | 无 |
| 铜 /（mg/L） | 0.003 | Ⅰ | 0.003 | Ⅰ | 无 |
| 锌 /（mg/L） | 0.008 | Ⅰ | 0.003 | Ⅰ | 无 |
| 氟化物 /（mg/L） | 0.25 | Ⅰ | 0.28 | Ⅰ | 无 |
| 硒 /（mg/L） | 0.000 2 | Ⅰ | 0.000 2 | Ⅰ | 无 |
| 砷 /（mg/L） | 0.000 3 | Ⅰ | 0.000 3 | Ⅰ | 无 |
| 汞 /（mg/L） | 0.000 02 | Ⅰ | 0.000 02 | Ⅰ | 无 |
| 镉 /（mg/L） | 0.000 05 | Ⅰ | 0.000 05 | Ⅰ | 无 |
| 铬（六价）/（mg/L） | 0.002 | Ⅰ | 0.002 | Ⅰ | 无 |
| 铅 /（mg/L） | 0.001 | Ⅰ | 0.000 6 | Ⅰ | 无 |
| 氰化物 /（mg/L） | 0.002 | Ⅰ | 0.001 | Ⅰ | 无 |
| 挥发酚 /（mg/L） | 0.000 3 | Ⅰ | 0.000 3 | Ⅰ | 无 |
| 石油类 /（mg/L） | 0.01 | Ⅰ | 0.01 | Ⅰ | 无 |

续表 2-5-11

| 项目 | 2021 年 | | 2022 年 | | 水质类别变化情况 |
|---|---|---|---|---|---|
| | 年均值 | 水质类别 | 年均值 | 水质类别 | |
| 阴离子表面活性剂 /（mg/L） | 0.04 | Ⅰ | 0.03 | Ⅰ | 无 |
| 硫化物 /（mg/L） | 0.002 5 | Ⅰ | 0.004 | Ⅰ | 无 |
| 粪大肠菌群 /（个 /L） | 123 | Ⅰ | 195 | Ⅰ | 无 |

表 2-5-12　2021—2022 年中原油田彭楼部分评价因子年均值比较

| 项目 | 2021 年 | | 2022 年 | | 水质类别变化情况 |
|---|---|---|---|---|---|
| | 年均值 | 水质类别 | 年均值 | 水质类别 | |
| 溶解氧 /（mg/L） | 9.77 | Ⅰ | 10.0 | Ⅰ | 无 |
| 高锰酸盐指数 /（mg/L） | 2.4 | Ⅱ | 2.4 | Ⅱ | 无 |
| 生化需氧量 /（mg/L） | 1.7 | Ⅰ | 1.6 | Ⅰ | 无 |
| 氨氮 /（mg/L） | 0.24 | Ⅱ | 0.27 | Ⅱ | 无 |
| 总磷 /（mg/L） | 0.08 | Ⅱ | 0.08 | Ⅱ | 无 |
| 铜 /（mg/L） | 0.003 | Ⅰ | 0.004 | Ⅰ | 无 |
| 锌 /（mg/L） | 0.003 | Ⅰ | 0.003 | Ⅰ | 无 |
| 氟化物 /（mg/L） | 0.52 | Ⅰ | 0.62 | Ⅰ | 无 |
| 硒 /（mg/L） | 0.000 2 | Ⅰ | 0.000 2 | Ⅰ | 无 |
| 砷 /（mg/L） | 0.000 4 | Ⅰ | 0.000 4 | Ⅰ | 无 |
| 汞 /（mg/L） | 0.000 02 | Ⅰ | 0.000 02 | Ⅰ | 无 |
| 镉 /（mg/L） | 0.000 06 | Ⅰ | 0.000 06 | Ⅰ | 无 |
| 铬（六价）/（mg/L） | 0.004 | Ⅰ | 0.004 | Ⅰ | 无 |
| 铅 /（mg/L） | 0.002 | Ⅰ | 0.000 6 | Ⅰ | 无 |
| 氰化物 /（mg/L） | 0.002 | Ⅰ | 0.001 | Ⅰ | 无 |
| 挥发酚 /（mg/L） | 0.000 7 | Ⅰ | 0.000 8 | Ⅰ | 无 |
| 石油类 /（mg/L） | 0.01 | Ⅰ | 0.006 | Ⅰ | 无 |
| 阴离子表面活性剂 /（mg/L） | 0.05 | Ⅰ | 0.03 | Ⅰ | 无 |
| 硫化物 /（mg/L） | 0.002 5 | Ⅰ | 0.004 | Ⅰ | 无 |
| 粪大肠菌群 /（个 /L） | 851 | Ⅱ | 321 | Ⅱ | 无 |

2. 综合评价

1）水源地达标情况对比

2021—2022 年，濮阳市地表饮用水水源地西水坡调节池和中原油田彭楼的 26 项评价因子年均浓度值均符合《地表水环境质量标准》（GB 3838—2002）Ⅲ类标准要求，水源地均达标。

2）水质级别定性对比

与 2021 年比，2022 年濮阳市地表饮用水水源地西水坡调节池和中原油田彭楼水质级别均为优，水质级别没有变化。2022 年，西水坡调节池水质综合定性评价指数 $P_j$ 上升 0.02，增幅为 5.1%；中原油田彭楼水质综合定性评价指数 $P_j$ 上升 0.07，增幅为 16.7%，见表 2-5-13。

表 2-5-13　2021—2022 年濮阳市饮用水水源地水质综合评价比较

| 水源地名称 | 2021 年 | | 2022 年 | | 两年相比 | |
|---|---|---|---|---|---|---|
| | $P_j$ | 水质级别 | $P_j$ | 水质级别 | 增幅 | 幅度 /% |
| 西水坡调节池 | 0.39 | 优 | 0.41 | 优 | 0.02 | 5.1 |
| 中原油田彭楼 | 0.42 | 优 | 0.49 | 优 | 0.07 | 16.7 |
| 清丰中州水务有限公司固城水厂 | 0.40 | 优 | 0.40 | 优 | 0 | 0 |
| 南乐县第三水厂 | 0.40 | 优 | 0.38 | 优 | −0.02 | −5.0 |
| 李子园地下水井群 | 0.66 | 良好 | 0.62 | 良好 | −0.04 | −6.1 |

**（二）县级饮用水水源地**

1. 单因子评价

与 2021 年相比，2022 年濮阳市县级南水北调水厂清丰中州水务有限公司固城水厂 26 项评价因子中，粪大肠菌群浓度下降，水质类别由Ⅱ类变为Ⅰ类，其他因子年际间无变化；濮阳市县级南水北调水厂南乐县第三水厂 26 项评价因子的年均浓度值稍有波动，年际间无变化。

2. 综合评价

1）水源地达标情况对比

2021—2022 年，濮阳市县级南水北调水厂清丰中州水务有限公司固城水厂和南乐县第三水厂的 26 项评价因子年均浓度值均符合《地表水环境质量标准》（GB 3838—2002）Ⅲ类标准要求，水源地均达标。

2）水质级别定性对比

与 2021 年比，2022 年濮阳市县级南水北调水厂清丰中州水务有限公司固城水厂和南乐县第三水厂水质级别均为优,水质级别没有变化。2022 年,清丰中州水务有限公司固城水厂水质综合定性评价指数 $P_j$ 没有变化;南乐县第三水厂水质综合定性评价指数 $P_j$ 下降 0.02,降幅为 5.0%,见表 2-5-13。

## 二、地下饮用水水源地

### (一)市级饮用水水源地

1.单项指标评价

与 2021 年相比,2022 年濮阳市地下饮用水水源地李子园地下水井群 39 项评价指标中,氨氮浓度上升,水质类别由Ⅱ类变为Ⅲ类;氰化物、三氯甲烷、苯、甲苯水质类别均由Ⅱ类变为Ⅰ类;四氯化碳水质类别由Ⅲ类变为Ⅰ类,其他因子年际间无变化,见表 2-5-14。

表 2-5-14　2021—2022 年市级地下饮用水水源地评价指标年均值比较

| 项目 | 李子园地下水井群 | | | | 水质类别变化情况 |
| --- | --- | --- | --- | --- | --- |
| | 2021 年 | | 2022 年 | | |
| | 年均值 | 水质类别 | 年均值 | 水质类别 | |
| 色 | 5 | Ⅰ | 5 | Ⅰ | 无 |
| 嗅和味 | 无 | Ⅰ | 无 | Ⅰ | 无 |
| 浑浊度 /NTU | 1.1 | Ⅰ | 0.8 | Ⅰ | 无 |
| 肉眼可见物 | 无 | Ⅰ | 无 | Ⅰ | 无 |
| pH | 7.6 | Ⅰ | 7.6 | Ⅰ | 无 |
| 总硬度 /(mg/L) | 320 | Ⅲ | 331 | Ⅲ | 无 |
| 溶解性总固体 /(mg/L) | 741 | Ⅲ | 731 | Ⅲ | 无 |
| 硫酸盐 /(mg/L) | 99.6 | Ⅱ | 96.0 | Ⅱ | 无 |
| 氯化物 /(mg/L) | 97.7 | Ⅱ | 97.6 | Ⅱ | 无 |
| 铁 /(mg/L) | 0.02 | Ⅰ | 0.01 | Ⅰ | 无 |
| 锰 /(mg/L) | 0.054 | Ⅲ | 0.062 | Ⅲ | 无 |
| 铜 /(mg/L) | 0.003 | Ⅰ | 0.004 | Ⅰ | 无 |
| 锌 /(mg/L) | 0.004 | Ⅰ | 0.002 | Ⅰ | 无 |
| 铝 /(mg/L) | 0.02 | Ⅱ | 0.022 5 | Ⅱ | 无 |
| 挥发性酚类 /(mg/L) | 0.000 2 | Ⅰ | 0.000 17 | Ⅰ | 无 |
| 阴离子表面活性剂 /(mg/L) | 0.03 | Ⅰ | 0.025 | Ⅰ | |

续表 2-5-14

| 项目 | 李子园地下水井群 | | | | 水质类别变化情况 |
|---|---|---|---|---|---|
| | 2021 年 | | 2022 年 | | |
| | 年均值 | 水质类别 | 年均值 | 水质类别 | |
| 耗氧量 /（mg/L） | 0.9 | I | 0.9 | I | 无 |
| 氨氮 /（mg/L） | 0.09 | II | 0.13 | III | 有，由 II 类变为 III 类 |
| 硫化物 /（mg/L） | 0.002 5 | I | 0.005 | I | 无 |
| 钠 /（mg/L） | 85.0 | I | 84.7 | I | 无 |
| 总大肠菌群 /〔MPN/（100 mL）〕 | 0.2 | I | 0.2 | I | 无 |
| 菌落总数 /（CFU/mL） | 35 | I | 28 | I | 无 |
| 亚硝酸盐 /（mg/L） | 0.002 | I | 0.001 5 | I | 无 |
| 硝酸盐 /（mg/L） | 0.157 | I | 0.164 | I | 无 |
| 氰化物 /（mg/L） | 0.002 | II | 0.001 | I | 有，由 II 类变为 I 类 |
| 氟化物 /（mg/L） | 0.91 | I | 0.858 | I | 无 |
| 碘化物 /（mg/L） | 0.025 | I | 0.013 5 | I | 无 |
| 汞 /（mg/L） | 0.000 02 | I | 0.000 02 | I | 无 |
| 砷 /（mg/L） | 0.000 7 | I | 0.000 5 | I | 无 |
| 硒 /（mg/L） | 0.000 2 | I | 0.000 2 | I | 无 |
| 镉 /（mg/L） | 0.000 05 | I | 0.000 05 | I | 无 |
| 铬 /（六价）（mg/L） | 0.002 | I | 0.002 | I | 无 |
| 铅 /（mg/L） | 0.001 | I | 0.000 6 | I | 无 |
| 三氯甲烷 /（μg/L） | 0.7 | II | 0.4 | I | 有，由 II 类变为 I 类 |
| 四氯化碳 /（μg/L） | 0.75 | III | 0.5 | I | 有，由 III 类变为 I 类 |
| 苯 /（μg/L） | 0.7 | II | 0.4 | I | 有，由 II 类变为 I 类 |
| 甲苯 /（μg/L） | 0.7 | II | 0.4 | I | 有，由 II 类变为 I 类 |
| 总 α 放射性 /（Bq/L） | 0.119 | III | 0.117 | III | 无 |
| 总 β 放射性 /（Bq/L） | 0.163 | II | 0.122 | II | 无 |

2. 综合评价

1）水源地达标情况对比

2021—2022 年，濮阳市地下饮用水水源地李子园地下水井群的 39 项评价指标年均浓度值符合《地下水质量标准》（GB/T 14848—2017）Ⅲ类标准要求，水源地达标。

2）水质级别定性对比

2022 年，濮阳市地下饮用水水源地李子园地下水井群水质级别为良好，与 2021 年相比水质级别没有变化，年际间的污染程度基本不变，见表 2-5-13。

**（二）县级饮用水水源地**

1. 单项指标评价

与 2021 年相比，2022 年 5 个县级地下饮用水水源地 39 项评价因子的年均浓度值均稍有波动。

清丰县八里庄地下水井群氯化物水质类别由Ⅰ类变为Ⅱ类，浓度上升；氨氮水质类别由Ⅱ类变为Ⅲ类，浓度上升；钠、氰化物、三氯甲烷、苯、甲苯水质类别均由Ⅱ类变为Ⅰ类，浓度降低；氟化物水质类别由Ⅰ类变为Ⅳ类，浓度上升；碘化物、四氯化碳水质类别均由Ⅲ类变为Ⅰ类，浓度降低；总 α 放射性水质类别由Ⅰ类变为Ⅲ类，浓度上升，其他指标年际间无变化。

南乐县第二水厂地下水井群氰化物、三氯甲烷、苯、甲苯、总 β 放射性水质类别均由Ⅱ类变为Ⅰ类，浓度降低；碘化物、四氯化碳水质类别均由Ⅲ类变为Ⅰ类，浓度降低；总 α 放射性水质类别由Ⅰ类变为Ⅲ类，浓度上升，其他指标年际间无变化。

范县老城区地下水井群氰化物、三氯甲烷、苯、甲苯水质类别均由Ⅱ类变为Ⅰ类，浓度降低；碘化物、四氯化碳水质类别均由Ⅲ类变为Ⅰ类，浓度降低，其他指标年际间无变化。

范县新城区地下水井群硫酸盐水质类别由Ⅴ类变为Ⅳ类，浓度降低；氰化物、三氯甲烷、苯、甲苯水质类别均由Ⅱ类变为Ⅰ类，浓度降低；碘化物、四氯化碳水质类别均由Ⅲ类变为Ⅰ类，浓度降低，其他指标年际间无变化。

台前县自来水厂总硬度、碘化物、四氯化碳水质类别均由Ⅲ类变为Ⅰ类，浓度降低；溶解性总固体、钠水质类别均由Ⅲ类变为Ⅳ类，浓度上升；硫酸盐水质类别由Ⅲ类变为Ⅴ类，浓度上升；氯化物水质类别由Ⅱ类变为Ⅲ类，浓度上升；氨氮水质类别由Ⅲ类变为Ⅱ类，浓度下降；氰化物、三氯甲烷、苯、甲苯水质类别均由Ⅱ类变为Ⅰ类，浓度降低；总 α 放射性水质类别由Ⅰ类变为Ⅲ类，浓度上升，其他指标年际间无变化。

2. 综合评价

1）水源地达标情况对比

2022 年，清丰县八里庄地下水井群由 2021 年的达标水源变为不达标水源，南乐县第二水厂地下水井群、范县老城区地下水井群、范县新城区地下水井群、台前县自来水厂 2021—2022 年水源地均不达标，见表 2-5-15。

表 2-5-15　2021—2022 年濮阳市县级地下饮用水水源地水质综合评价比较

| 县级名称 | 水源地名称 | 2021 年 | | 2022 年 | |
|---|---|---|---|---|---|
| | | 水质级别 | 水质类别 | 水质级别 | 水质类别 |
| 清丰县 | 清丰县八里庄地下水井群 | 优 | III | 轻污染 | IV |
| 南乐县 | 南乐县第二水厂地下水井群 | 轻污染 | V | 轻污染 | V |
| 范县 | 范县老城区地下水井群 | 轻污染 | V | 轻污染 | V |
| | 范县新城区地下水井群 | 轻污染 | V | 轻污染 | IV |
| 台前县 | 台前县自来水厂 | 轻污染 | IV | 轻污染 | V |

2）水质级别定性对比

与 2021 年相比，清丰县八里庄地下水井群水质级别由优变为轻污染，饮用水水源地的水环境质量明显恶化；南乐县第二水厂地下水井群、范县老城区地下水井群、范县新城区地下水井群、台前县自来水厂均未发生水质级别变化，见表 2-5-15 和图 2-5-4。

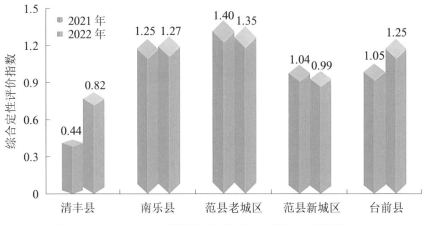

图 2-5-4　2021—2022 年县级地下饮用水水源地水质级别比较

# 第四节　小结和原因分析

## 一、小结

### （一）地表饮用水水源地

1. 市级饮用水水源地

2022 年，濮阳市地表饮用水水源地西水坡调节池水质类别为Ⅱ类，水质综合定性评价指数 $P_j$ 为 0.41，水质级别为优。中原油田彭楼水质类别为Ⅱ类，水质综合定性评价指数 $P_j$ 为 0.49，水质级别为优。

与 2021 年相比，2022 年濮阳市地表饮用水水源地西水坡调节池和中原油田彭楼水质级别均为优，水质级别没有变化。

2. 县级饮用水水源地

2022 年，清丰中州水务有限公司固城水厂水质类别为Ⅱ类，水质综合定性评价指数 $P_j$ 为 0.40，水质级别为优。南乐县第三水厂水质类别为Ⅱ类，水质综合定性评价指数 $P_j$ 为 0.38，水质级别为优。

与 2021 年相比，2 个县级地表饮用水水源地水质级别均为优，水质级别没有变化，年际间的污染程度基本不变。

### （二）地下饮用水水源地

1. 市级饮用水水源地

2022 年，濮阳市地下饮用水水源地李子园地下水井群水质类别为Ⅲ类，水质综合定性评价指数 $P_j$ 为 0.62，水质级别为良好。

与 2021 年相比，水质级别没有变化，年际间的污染程度基本不变。

2. 县级饮用水水源地

2022 年，濮阳市 5 个县级地下饮用水水源地中，清丰县八里庄地下水井群、范县新城区地下水井群共 2 个水源地符合Ⅳ类标准，南乐县第二水厂地下水井群、范县老城区地下水井群和台前县自来水厂共 3 个水源地符合Ⅴ类标准。清丰县八里庄地下水井群、南乐县第二水厂地下水井群、范县老城区地下水井群、范县新城区地下水井群、台前县自来水厂水质级别均为轻污染。

与 2021 年相比，清丰县八里庄地下水井群由优变为轻污染，南乐县第二水厂地下水井群、范县老城区地下水井群、范县新城区地下水井群、台前县自来水厂均未发生水质级别变化。

二、原因分析

濮阳市共有 8 处县级及以上集中式饮用水水源地和 2 处县级南水北调水厂。8 处水源地均已完成了保护区的划定和标识标志的设立工作，其中，市级集中式饮用水水源地 3 处（地表水型 2 处、地下水型 1 处），县级集中式饮用水水源地 5 处（均为地下水型）。市级集中式饮用水水源地西水坡调节池作为市城区地表备用水源地，取用南水北调水和黄河水；中原油田彭楼作为地表在用水源地，取用黄河水，主要向范县城区、中原油田基地所在地供水；李子园地下水井群为市城区地下水源地。县级集中式饮用水水源地分别为清丰县八里庄地下水井群（备用）、南乐县第二水厂地下水井群（备用）、范县老城区地下水井群（在用）、范县新城区地下水井群（备用）和台前县自来水厂（在用）。2 处县级南水北调水厂分别为清丰中州水务有限公司固城水厂和南乐县第三水厂，分别向清丰县和南乐县全域供南水北调水。

2022 年，濮阳市生态环境保护委员会办公室印发《濮阳市 2022 年水污染防治攻坚战实施方案》，把巩固提升饮用水安全保障水平作为主要任务，要求持续推进饮用水水源地规范化建设，依法依规划定（调整）饮用水水源保护区（范围），开展县级以上集中式饮用水水源地环境保护状况评估工作。推进县级以上地表水型饮用水水源地预警监控能力建设。持续开展县级以上地表水型水源地和"千吨万人"水源地环境问题整治"回头看"，发现一处整治一处，实施"动态清零"。开展乡镇级集中式饮用水水源保护区（范围）内的环境问题排查，到 2022 年年底建立问题清单，推进问题整治。2022 年，市生态环境局组织开展全市集中式饮用水水源地专项排查工作，对发现的问题，立行立改，实现"动态清零"，严防问题反弹，切实保障了饮用水安全。

清丰县八里庄地下水井群、南乐县第二水厂地下水井群、范县老城区地下水井群、范县新城区地下水井群和台前县自来水厂均由于天然背景值导致部分指标高于标准，清丰县、南乐县位处黄河冲积平原，下淤上壤土，且是地下水漏斗区，地下水水位较深，加之地质原因，导致部分指标较高。范县和台前县地处黄河下游冲积平原腹地，位于东濮凹陷之上，由于天然地质原因，造成部分指标高于标准。

# 第六章　城市地下水质量

## 第一节　评价标准与方法

### 一、评价标准

《地下水质量标准》（GB/T 14848—2017）。

### 二、评价方法

**（一）单项因子评价**

统计评价区内每项评价因子各水质类别监测点位占总监测点位的百分比。

**（二）综合评价**

（1）按点位评价：采用 $F$ 值法评价单个点位的水质级别，统计评价区内各级别监测点位占总监测点位的百分比，来表征评价地下水水质状况。

（2）城市综合定性评价：采用 $F$ 值法评价城市区域地下水质量级别，再将细菌学因子评价类别标注在级别定名之后。

（3）对比分析：采用 $F$ 值法对年际间污染程度的变化进行比较和排序。

### 三、评价因子

评价因子选取 pH、溶解性总固体、氯化物、硫酸盐、氨氮、硝酸盐（以 N 计）、亚硝酸盐（以 N 计）、氰化物、氟化物、总硬度（以 $CaCO_3$ 计）、砷、铁、锰、铅、镉、汞、铬（六价）、耗氧量、挥发性酚类（以苯酚计）、总大肠菌群等共 20 项。细菌学因子不参与评价分值（$F$）计算。

## 第二节　现状评价

### 一、单项因子评价

2022 年，濮阳市地下水监测点位分布见图 2-6-1。

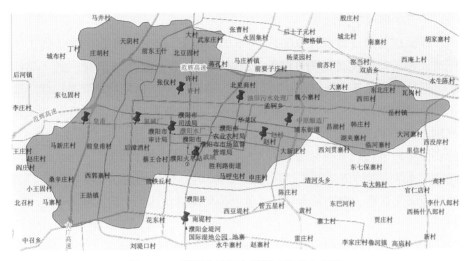

图 2-6-1　濮阳市地下水监测点位分布示意

（一）感官性状及一般化学指标

感官性一般较好，pH范围为7.3～7.8。总硬度浓度范围为294～792 mg/L，11.1%的监测点位年均值达到Ⅱ类标准，44.4%的监测点位年均值达到Ⅲ类标准，33.3%的监测点位年均值符合Ⅳ类标准，11.1%的监测点位年均值符合Ⅴ类标准，Ⅴ类点位为许村。溶解性总固体浓度范围为468～1 520 mg/L，11.1%的点位年均值达到Ⅱ类标准，77.8%的点位年均值达到Ⅲ类标准，1.11%的点位年均值符合Ⅳ类标准，Ⅳ类点位为许村。硫酸盐浓度范围为7.55～216 mg/L，33.3%的点位年均值达到Ⅰ类标准，55.6%的点位年均值达到Ⅱ类标准，11.1%的点位达到Ⅲ类标准。氯化物浓度范围为12.4～245 mg/L，33.3%的点位年均值达到Ⅰ类标准，55.6%的点位年均值达到Ⅱ类标准，11.1%的点位年均值达到Ⅲ类标准。锰浓度范围为0.002～0.352 mg/L，55.6%的点位年均值达到Ⅰ类标准，22.2%的点位年均值达到Ⅲ类标准，22.2%的点位年均值符合Ⅳ类标准，Ⅳ类点位为中原酿造厂和戚城。铁浓度含量低，各点位年均值均达到Ⅰ类标准。挥发酚浓度稳定在0.000 15 mg/L，各点位年均值均达到Ⅰ类标准。耗氧量浓度范围为0.7～1.4 mg/L，88.9%的点位年均值达到Ⅰ类标准，11.1%的点位年均值达到Ⅱ类标准。氨氮浓度范围为0.03～0.28 mg/L，55.6%的点位年均值达到Ⅱ类标准，44.4%的点位年均值达到Ⅲ类标准。

（二）微生物指标

总大肠菌群浓度稳定在 0.15 ～ 3.0 MPN/（100 L），各点位年均值均达到Ⅰ类标准。

### （三）毒理学指标

亚硝酸盐浓度范围在 0.001 5 ～ 0.015 mg/L，各点位年均值均达到Ⅰ类标准。硝酸盐浓度范围为 0.008 ～ 1.79 mg/L，各点位年均值均达到Ⅰ类标准。氰化物浓度基本稳定在 0.002 mg/L，各点位年均值均达到Ⅱ类标准。氟化物浓度范围为 0.50 ～ 0.99 mg/L，各点位年均值均达到Ⅰ类标准。砷浓度范围为 0.000 15 ～ 0.002 mg/L，88.9% 的点位年均值达到Ⅰ类标准，11.1% 的点位年均值达到Ⅲ类标准。铬（六价）浓度范围为 0.002 ～ 0.006 mg/L，88.9% 的点位年均值达到Ⅰ类标准，11.1% 的点位年均值达到Ⅱ类标准。其他重金属元素铅、镉、汞含量低，各点位年均值均达到Ⅰ类标准。

## 二、综合评价

### （一）按点位评价

2022 年，濮阳市地下水 55.6% 的监测点位水质级别为较差。

### （二）综合评价

2022 年，濮阳市地下水水质级别为较差，见表 2-6-1，综合评价分值为 4.30，较 2021 年（较差）水质级别无变化。赵村、南堤村、皇甫和氯碱厂 4 个监测点位水质级别均为良好（$0.80 \leqslant F < 2.50$），其他 5 个监测点位水质级别均为较差（$4.25 \leqslant F < 7.20$）。

表 2-6-1　2022 年濮阳市地下水单因子污染指数计算

| 序号 | 监测因子 | 平均值 | 类别 | 评价值 $F_i$ | 综合评价分值 | 水质级别 |
|---|---|---|---|---|---|---|
| 1 | pH | 7.49 | Ⅰ | 0 | | |
| 2 | 总硬度 /（mg/L） | 467 | Ⅳ | 6 | | |
| 3 | 硫酸盐 /（mg/L） | 83.7 | Ⅱ | 1 | | |
| 4 | 氯化物 /（mg/L） | 95.4 | Ⅱ | 1 | | |
| 5 | 耗氧量 /（mg/L） | 0.9 | Ⅰ | 0 | | |
| 6 | 氨氮 /（mg/L） | 0.11 | Ⅲ | 3 | 4.30 | 较差（Ⅰ） |
| 7 | 氟化物 /（mg/L） | 0.75 | Ⅰ | 0 | | |
| 8 | 亚硝酸盐 /（mg/L） | 0.004 1 | Ⅰ | 0 | | |
| 9 | 硝酸盐 /（mg/L） | 0.400 | Ⅰ | 0 | | |
| 10 | 挥发酚 /（mg/L） | 0.000 15 | Ⅰ | 0 | | |
| 11 | 氰化物 /（mg/L） | 0.002 | Ⅱ | 1 | | |
| 12 | 砷 /（mg/L） | 0.000 42 | Ⅰ | 0 | | |

续表 2-6-1

| 序号 | 监测因子 | 平均值 | 类别 | 评价值 $F_i$ | 综合评价分值 | 水质级别 |
|---|---|---|---|---|---|---|
| 13 | 汞 /（mg/L） | 0.000 02 | I | 0 | | |
| 14 | 铬（六价）/（mg/L） | 0.002 | I | 0 | | |
| 15 | 铅 /（mg/L） | 0.000 7 | I | 0 | | |
| 16 | 镉 /（mg/L） | 0.000 06 | I | 0 | 4.30 | 较差（I） |
| 17 | 铁 /（mg/L） | 0.02 | I | 0 | | |
| 18 | 锰 /（mg/L） | 0.084 | III | 3 | | |
| 19 | 溶解性总固体 /（mg/L） | 768 | III | 3 | | |
| 20 | 总大肠菌群 /［MPN/（100 mL）］ | 0.72 | I | 0 | | |

濮阳市 9 个地下水监测点位的综合评价分值由大到小依次为：许村、中原酿造厂、油田污水厂、濮阳水厂、戚城、南堤村、赵村、氯碱厂、皇甫，见图 2-6-2。

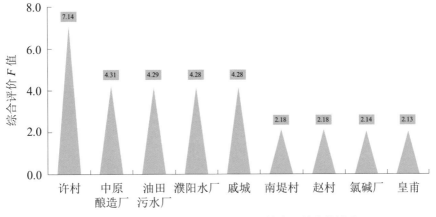

图 2-6-2　2022 年濮阳市地下水综合评价分值排序

## 三、污染特征

选取有超标现象的单项监测因子作为评价因子（其中细菌学因子不参与评价），可得地下水评价因子污染指数 $P_i$ 和污染负荷系数 $f_i$，见表 2-6-2。由此可见，地下水主要污染因子污染程度排序为（从大到小）：总硬度、锰、溶解性总固体。

表 2-6-2　2022 年濮阳市地下水主要项目综合污染指数和污染负荷系数统计

| 指标 | 项目 | | | |
|---|---|---|---|---|
| | 总硬度 | 锰 | 溶解性总固体 | 共计 |
| $P_i$ | 1.04 | 0.84 | 0.77 | 2.65 |
| $f_i$/% | 39.2 | 31.7 | 29.1 | 100 |

从全市范围来看，总硬度、锰、溶解性总固体等指标污染负荷比较突出。许村的总硬度符合Ⅴ类，溶解性总固体符合Ⅳ类；濮阳水厂、中原酿造厂和油田污水处理厂的总硬度符合Ⅳ类；中原酿造厂和戚城的锰符合Ⅳ类；需注意许村、中原酿造厂、戚城、濮阳水厂等监测点位。

# 第三节　对比分析

## 一、单因子类别对比

从监测数据看，与 2021 年相比，全市地下水部分评价因子年均值发生水质类别变化，锰水质由Ⅳ类变为Ⅲ类，总大肠菌群水质由Ⅳ类变为Ⅰ类。其他评价因子的年均值没有出现水质类别变化，仅浓度值出现波动，见表 2-6-3。

表 2-6-3　2021—2022 年濮阳市地下水部分评价因子年均值变化

| 项目 | 2021 年 | | 2022 年 | | 水质类别变化情况 |
|---|---|---|---|---|---|
| | 年均值 | 水质类别 | 年均值 | 水质类别 | |
| 总硬度 /（mg/L） | 500 | Ⅳ | 467 | Ⅳ | 无 |
| 硫酸盐 /（mg/L） | 137 | Ⅱ | 83.7 | Ⅱ | 无 |
| 氯化物 /（mg/L） | 150 | Ⅱ | 95.4 | Ⅱ | 无 |
| 耗氧量 /（mg/L） | 0.7 | Ⅰ | 0.9 | Ⅰ | 无 |
| 氨氮 /（mg/L） | 0.12 | Ⅲ | 0.11 | Ⅲ | 无 |
| 氟化物 /（mg/L） | 0.72 | Ⅰ | 0.75 | Ⅰ | 无 |
| 亚硝酸盐 /（mg/L） | 0.002 7 | Ⅰ | 0.004 1 | Ⅰ | 无 |
| 硝酸盐 /（mg/L） | 0.442 | Ⅰ | 0.400 | Ⅰ | 无 |
| 挥发酚 /（mg/L） | 0.000 15 | Ⅰ | 0.000 15 | Ⅰ | 无 |

续表 2-6-3

| 项目 | 2021 年 | | 2022 年 | | 水质类别变化情况 |
|---|---|---|---|---|---|
| | 年均值 | 水质类别 | 年均值 | 水质类别 | |
| 氰化物 /（mg/L） | 0.002 | Ⅱ | 0.002 | Ⅱ | 无 |
| 砷 /（mg/L） | 0.000 69 | Ⅰ | 0.000 42 | Ⅰ | 无 |
| 汞 /（mg/L） | 0.000 02 | Ⅰ | 0.000 02 | Ⅰ | 无 |
| 铬（六价）/（mg/L） | 0.002 | Ⅰ | 0.002 | Ⅰ | 无 |
| 铅 /（mg/L） | 0.001 | Ⅰ | 0.000 7 | Ⅰ | 无 |
| 镉 /（mg/L） | 0.000 05 | Ⅰ | 0.000 06 | Ⅰ | 无 |
| 铁 /（mg/L） | 0.01 | Ⅰ | 0.02 | Ⅰ | 无 |
| 锰 /（mg/L） | 0.155 | Ⅳ | 0.084 | Ⅲ | 有，由Ⅳ类变为Ⅲ类 |
| 溶解性总固体/（mg/L） | 868 | Ⅲ | 768 | Ⅲ | 无 |
| 总大肠菌群 /〔MPN/（100 mL）〕 | 6.49 | Ⅳ | 0.72 | Ⅰ | 有，由Ⅳ类变为Ⅰ类 |

与 2021 年相比，主要污染指标中，总硬度：南堤村由Ⅱ类变为Ⅲ类；氯化物：濮阳水厂由Ⅲ类变为Ⅱ类；氟化物：赵村由Ⅳ类变为Ⅰ类；总大肠菌群：许村和濮阳水厂均由Ⅳ类变为Ⅰ类。

## 二、水质级别比例对比

与 2021 年相比，全市地下水良好监测点位比例由 0 上升为 44.4%，较差监测点位的比例由 100% 下降为 55.6%。

## 三、水质级别对比

各监测点位地下水综合评价 F 值见表 2-6-4，综合评价结果比较见图 2-6-3。与 2021 年相比，濮阳市地下水水质级别不变，综合评价 F 值略低。在 9 个监测点位中，南堤村和赵村由较差变为良好，赵村主要变化因子氟化物由Ⅳ类变为Ⅰ类，锰由Ⅳ类变为Ⅲ类；南堤村主要变化因子锰由Ⅳ类变为Ⅲ类；许村和濮阳水厂水质级别不变。

表 2-6-4    2021—2022 年濮阳市地下水水质综合评价 F 值变化

| 点位名称 | 2021 年 | | 2022 年 | | 2022 年与 2021 年相比 | |
|---|---|---|---|---|---|---|
| | F 值 | 水质级别 | F 值 | 水质级别 | 增幅 | 幅度 /% |
| 南堤村 | 4.28 | 较差 | 2.18 | 良好 | −2.10 | −49.1 |
| 许村 | 7.19 | 较差 | 7.14 | 较差 | −0.05 | −0.70 |
| 赵村 | 4.32 | 较差 | 2.18 | 良好 | −2.14 | −49.5 |
| 濮阳水厂 | 4.31 | 较差 | 4.28 | 较差 | −0.03 | −0.70 |
| 皇甫 | — | — | 2.13 | 良好 | — | — |
| 中原酿造厂 | — | — | 4.31 | 较差 | — | — |
| 戚城 | — | — | 4.28 | 较差 | — | — |
| 氯碱厂 | — | — | 2.14 | 良好 | — | — |
| 油田污水处理厂 | — | — | 4.29 | 较差 | — | — |
| 全市 | 4.31 | 较差 | 4.30 | 较差 | −0.01 | −0.23 |

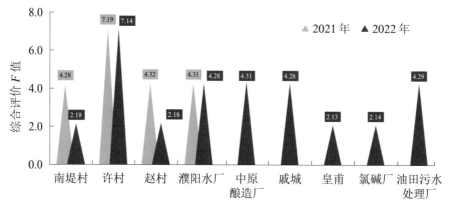

图 2-6-3    2021—2022 年濮阳市地下水综合评价结果比较

# 第四节    小结和原因分析

## 一、小结

2022 年，濮阳市地下水水质级别为较差，总体水质类别为Ⅳ类，综合评价 F 值为 4.30。44.4% 的监测点位水质级别为良好，55.6% 的监测点位水质级别为较差。主要污染因子为总硬度、锰、溶解性总固体等。

与 2021 年相比，濮阳市地下水水质级别无变化。

## 二、原因分析

地下水的化学成分是在长期地质历史发展过程中，在溶滤、浓缩、混合等综合作用下形成的。可能造成地下水污染的原因分析如下：①工业废气污染物随降水下落，通过地表径流进入水循环中，对地下水造成二次污染；②工业废水如果没有经过严格处理就排入城市下水道、江河湖库或水沟，将导致地下水受到化学污染；③农业生产中化肥、农药的使用以及污水灌溉等，污染物渗入地下水中，造成地下水污染；④工业废渣、生活垃圾、污水处理厂污泥等，多含有硫酸盐、氯化物、氨、重金属、有机质等，如果不合理处置、堆弃和排放，经生物降解和雨水淋滤，可产生污染物较多的淋滤液及二氧化碳、甲烷等废气，最终以污水形式污染地下水。

经调查区域地质背景发现，濮阳市城区地层内含有铁锰质结核和钙质结核，浅层地下水更新速度快，地层中化学物质更易溶解和迁移，孔隙水溶滤作用强，经过多年地下水循环，导致地下水中锰本底含量高。区域地下水的溶滤作用导致含水层中钙、镁、锰等离子进入水中造成地下水中总硬度、溶解性总固体、氯化物等含量偏高。因此，濮阳市城区地下水监测点位的锰、总硬度、溶解性总固体、氯化物等监测指标背景值较高，主要受天然地质等原因影响。另外，濮阳市是以石油化工行业为主导的城市，地下水也会受到来自工业和生活等污染的影响，污染途径主要是通过地表水和降水的下渗，主要污染因子是氨氮等。

# 第七章　城市声环境质量

## 第一节　评价标准与方法

一、评价标准

《声环境质量标准》（GB 3096—2008）。

二、评价方法

**（一）基本评价量**

以等效连续 A 声级（Leq）为基本评价量。

**（二）定性评价**

按照《环境噪声监测技术规范　城市声环境常规监测》（HJ 640—
2012）中规定对区域声环境、道路交通声环境、功能区声环境进行定性评价。

**（三）对比分析**

采用等效声级变化进行年际间的对比分析。

## 第二节　现状评价

一、城市区域声环境

濮阳市城市区域声环境监测点位分布见图 2—7—1。

2022 年，濮阳城市区域环境噪声监测点位数为 116 个，覆盖面积
93.12 km²。区域环境噪声昼间平均等效声级为 50.7 dB，低于 1 类声环境功
能区昼间标准，城市区域环境噪声总体水平为较好（二级）等级，见表 2-7-1。
城市建成区环境噪声不同声级统计见表 2-7-2。

2022 年，城市建成区环境噪声（昼间）不同声级分布见图 2-7-2。

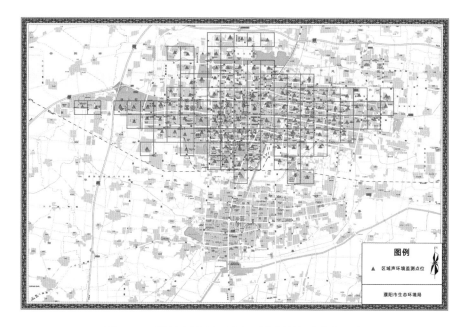

图 2-7-1　濮阳市城市区域声环境监测点位分布示意

表 2-7-1　2022 年城市建成区环境噪声监测结果（昼间）

| 城市名称 | 网格个数 / 个 | 网格大小 / （m×m） | 网格覆盖面积 /km² | 网格覆盖人口数 / 万人 | 昼间平均等效声级 /dB | 级别 |
|---|---|---|---|---|---|---|
| 濮阳市 | 116 | 800×800 | 93.12 | 72.41 | 50.7 | 较好 |

表 2-7-2　2022 年城市建成区环境噪声暴露在不同声级下的分布（昼间）

| 城市名称 | 项目 | 级别及声级范围 /dB | | | | |
|---|---|---|---|---|---|---|
| | | 好 ≤ 50.0 | 较好 50.1 ~ 55.0 | 一般 55.1 ~ 60.0 | 较差 60.1 ~ 65.0 | 差 > 65.0 |
| 濮阳市 | 覆盖面积 /km² | 33.28 | 32.64 | 5.76 | 1.92 | 0.64 |
| | 覆盖人口 / 万人 | 33.397 | 33.725 | 4.219 | 0.804 | 0.268 |
| | 覆盖面积所占比例 /% | 44.8 | 44.0 | 7.8 | 2.6 | 0.8 |

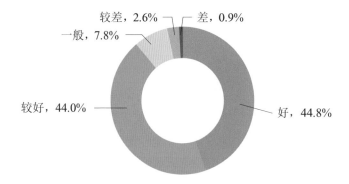

图 2-7-2　2022 年城市建成区环境噪声暴露在不同等级下的分布（昼间）

由表 2-7-2 和图 2-7-2 得出，城市区域环境噪声昼间暴露在 50.0 dB（含）以下的面积最突出，昼间城市区域环境噪声水平为好的区域占 44.8%；暴露在 50.1 ~ 55.0 dB 的面积占 32.64 km²，城市区域环境噪声水平为较好的区域占 44.0%；暴露在 55.1 ~ 60.0 dB 的面积占 5.76 km²，城市区域环境噪声水平为一般的区域占 7.8%；暴露在 60.1 ~ 65.0 dB 的面积占 1.92 km²，城市区域环境噪声水平为较差的区域占 2.6%；暴露在 65.0 dB 以上的面积占 0.64 km²，城市区域环境噪声水平为差的区域占 0.8%。

从声源构成来看，城市区域昼间声环境主要受生活噪声影响，占 91.4%，交通噪声占 6.0%，工业噪声占 2.6%，无施工噪声，生活噪声虽然声级强度最低，但其占比最大，且声源分布广泛，影响作用不容忽视，见表 2-7-3。

表 2-7-3　2022 年城市建成区环境噪声声源类型构成（昼间）

| 城市名称 | 项目 | 声源类型 | | | |
|---|---|---|---|---|---|
| | | 交通噪声 | 工业噪声 | 施工噪声 | 生活噪声 |
| 濮阳市 | 监测点位总数 / 个 | 7 | 3 | 0 | 106 |
| | 构成比例 /% | 6.0 | 2.6 | 0 | 91.4 |
| | 昼间 Leq 平均值 /dB | 58.7 | 51.0 | 0 | 50.2 |

## 二、城市功能区声环境

濮阳市城市功能区噪声监测分为 4 类，分别为居民文教区、混合区、工业区和交通干线两侧。其中，居民文教区 4 个监测点位、混合区 4 个监测点位、工业区 1 个监测点位、交通干线两侧 2 个监测点位，共 11 个监测点位。
濮阳市城市功能区声环境监测点位分布见图 2-7-3。

图 2-7-3　濮阳市城市功能区声环境监测点位分布示意

2022 年，城市功能区噪声定点监测的总达标率为 97.7%，昼间达标率
为 100%，夜间达标率为 95.5%。居民文教区昼间 47.0 dB，夜间 41.9 dB；
混合区昼间 52.2 dB，夜间 47.5 dB；工业区昼间 56.4 dB，夜间 50.6 dB；交
通干线两侧昼间 58.9 dB，夜间 52.6 dB。各类功能区昼间、夜间等效声级均
值均符合《声环境质量标准》（GB 3096—2008）中环境噪声限值要求，见
表 2-7-4 和图 2-7-4。

表 2-7-4　2022 年城市各功能区环境噪声统计

| 城市名称 | 项目 | 居民文教区 | | 混合区 | | 工业区 | | 交通干线两侧 | |
|---|---|---|---|---|---|---|---|---|---|
| | | 昼 | 夜 | 昼 | 夜 | 昼 | 夜 | 昼 | 夜 |
| 濮阳市 | 第一季度 /dB | 48.8 | 43.3 | 53.4 | 48.3 | 57.1 | 50.4 | 58.8 | 52.1 |
| | 第二季度 /dB | 46.6 | 41.9 | 53.4 | 48.4 | 54.2 | 49.4 | 58.1 | 51.9 |
| | 第三季度 /dB | 44.9 | 40.4 | 50.1 | 47.7 | 56.8 | 52.7 | 58.7 | 53.8 |
| | 第四季度 /dB | 47.6 | 42.1 | 51.9 | 45.5 | 57.4 | 49.8 | 60.1 | 52.6 |
| 濮阳市 | 达标率 /% | 100 | 100 | 100 | 87.5 | 100 | 100 | 100 | 100 |
| | Leq 年平均值 /dB | 47.0 | 41.9 | 52.2 | 47.5 | 56.4 | 50.6 | 58.9 | 52.6 |

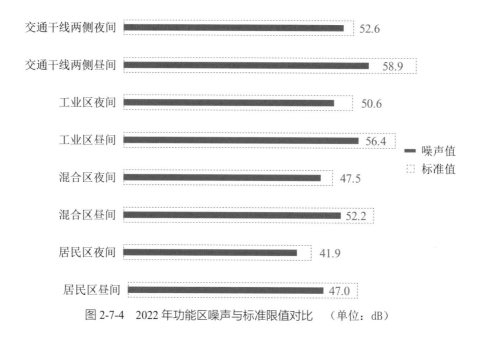

图 2-7-4　2022 年功能区噪声与标准限值对比　（单位：dB）

图 2-7-5 ～ 图 2-7-8 分别绘出了濮阳市各个功能区的 4 个季度声环境质量时间分布图，每个功能区 4 个季度的噪声强度分布基本相似，6 ～ 20 时噪声较强，其他时间噪声较弱，与人类生活生产活动规律基本一致。居民文教区、混合区、工业区、交通干线两侧昼间达标率均为 100%；居民文教区、工业区、交通干线两侧夜间达标率为 100%，混合区夜间出现了超标，达标率为 87.5%。混合区夜间受突发噪声影响较大，需引起关注。

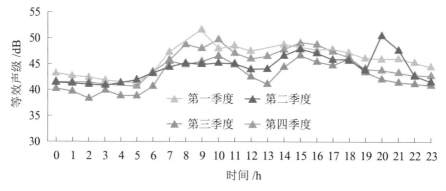

图 2-7-5　功能区声环境质量时间分布图（1 类区）

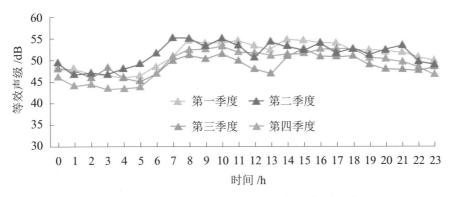

图 2-7-6　功能区声环境质量时间分布图（2 类区）

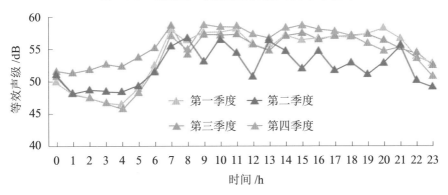

图 2-7-7　功能区声环境质量时间分布图（3 类区）

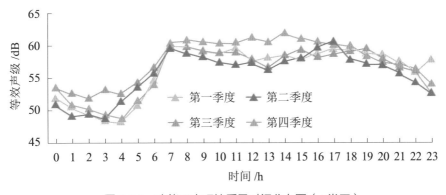

图 2-7-8　功能区声环境质量时间分布图（4 类区）

## 三、城市道路交通声环境

2022 年，全市城市道路交通噪声监测路段总长为 209.2 km，共布设 52 个监测点位，濮阳市城市道路交通声环境监测点位分布见图 2-7-9。全市城

市道路交通昼间平均车流量为大型车 54 辆 /h、中小型车 828 辆 /h，平均等
效声级为 65.0 dB，道路交通噪声强度等级为一级，道路交通声环境质量为好，
见表 2-7-5 和表 2-7-6。

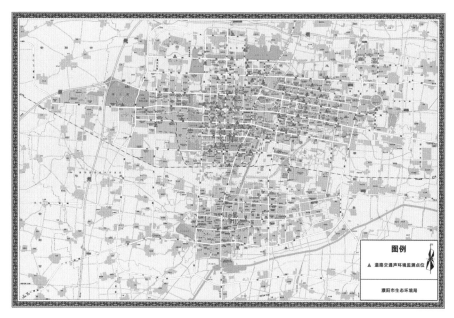

图 2-7-9　濮阳市城市道路交通声环境监测点位分布示意

表 2-7-5　2022 年濮阳市道路交通噪声结果统计（昼间）

| 等级 | 一级 | 二级 | 三级 | 四级 | 五级 |
|---|---|---|---|---|---|
| 平均等效声级标准 $\overline{L_d}$/dB | ≤ 68.0 | 68.1 ~ 70.0 | 70.1 ~ 72.0 | 72.1 ~ 74.0 | >74.0 |
| 监测结果 $\overline{L_d}$/dB | 64.2 | 69.0 | 70.3 | — | — |
| 路段长度 /m | 164 340 | 10 480 | 17 550 | 0 | 0 |
| 占交通干线总长比 /% | 85.4 | 5.4 | 9.2 | 0 | 0 |

表 2-7-6　2022 年濮阳市道路交通噪声监测结果评价（昼间）

| 监测路段总长度 /m | 路段总长度 /m | 路段达标率 /% | 平均车流量 /（辆 /h） | | 平均等效声级 /dB | 级别 |
|---|---|---|---|---|---|---|
| | | | 大型车 | 中小型车 | | |
| 192 370 | 209 200 | 90.8 | 54 | 828 | 65.0 | 好 |

# 第三节 对比分析

## 一、城市区域声环境

与 2021 年相比,全市城市建成区声环境质量基本稳定,未发生级别变化,声环境质量仍保持较好(二级)等级,但噪声平均等效声级降低 1.2 dB,污染程度有所减轻。2021—2022 年城市建成区噪声平均等效声级比较(昼间)见表 2-7-7。

表 2-7-7  2021—2022 年城市建成区噪声平均等效声级比较(昼间)

| 2021 年 | | 2022 年 | | 两年相比 /dB |
| --- | --- | --- | --- | --- |
| Leq/dB | 级别 | Leq/dB | 级别 | |
| 51.9 | 较好 | 50.7 | 较好 | -1.2 |

与 2021 年相比,全市噪声源结构发生了部分变化,无施工噪声源影响,但昼间影响范围最广的噪声源仍为生活噪声源,所占比例由 82.7% 提高至 91.4%,升高了 8.7 个百分点,交通噪声源占比升高了 0.8 个百分点,工业噪声源占比降低了 4.3 个百分点;工业噪声源强度下降了 5.7 dB,生活噪声源强度下降了 0.6 dB,交通噪声源强度下降了 0.5 dB。各类噪声源强度有所变化,见图 2-7-10。

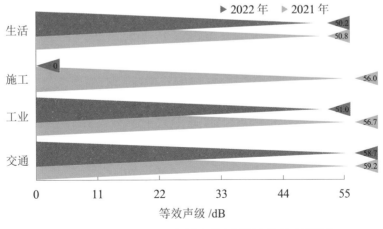

图 2-7-10  2021—2022 年城市噪声源强度比较(昼间)

## 二、城市功能区声环境

与 2021 年相比，全市城市功能区声环境质量基本保持稳定，总达标率上升 10.25 个百分点，昼间达标率上升 4.5 个百分点，夜间达标率上升 16.0 个百分点，见表 2-7-8。

表 2-7-8　2021—2022 年城市功能区噪声达标率比较

| 名称 | 昼间达标率 /% | 夜间达标率 /% | 总达标率 /% |
|---|---|---|---|
| 2021 年 | 95.5 | 79.5 | 87.5 |
| 2022 年 | 100 | 95.5 | 97.75 |
| 两年相比（百分点） | +4.5 | +16.0 | +10.25 |

居民文教区昼间声环境质量达标率上升 12.5 个百分点，昼间平均等效声级下降 3.7 dB，夜间声环境质量达标率上升 50.0 个百分点，夜间平均等效声级下降 2.6 dB；混合区夜间声环境质量达标率下降 6.2 个百分点，昼间声环境平均等效声级下降 0.6 dB；工业区昼间声环境平均等效声级下降 0.5 dB；交通干线两侧昼、夜间声环境平均等效声级分别下降 0.3 dB、0.5 dB。2021—2022 年 4 个功能区昼、夜间噪声达标率分别见图 2-7-11 和图 2-7-12。

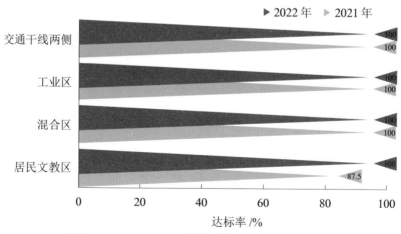

图 2-7-11　2021—2022 年各功能区昼间噪声达标率

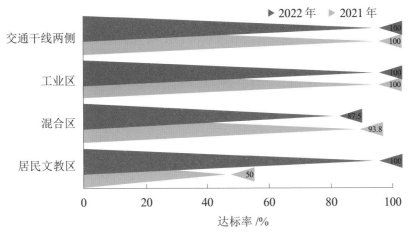

图 2-7-12　2021—2022 年各功能区夜间噪声达标率

### 三、城市道路交通声环境

与 2021 年相比，全市道路交通昼间平均等效声级为 65.0 dB，未发生级别变化，声环境质量仍保持好（一级）等级，昼间平均等效声级上升 0.1 dB；路段达标率下降了 9.2 个百分点，见表 2-7-9。

表 2-7-9　2021—2022 年城市道路交通噪声比较

| 2021 年 | | | 2022 年 | | | 两年相比 /dB |
|---|---|---|---|---|---|---|
| Leq/dB | 级别 | 路段达标率 /% | Leq/dB | 级别 | 路段达标率 /% | |
| 64.9 | 好 | 100 | 65.0 | 好 | 90.8 | +0.1 |

# 第四节　小结和原因分析

### 一、小结

2022 年，濮阳市城市区域环境噪声昼间平均等效声级为 50.7 dB，级别为较好；城市道路交通噪声平均等效声级为昼间 65.0 dB，级别为好；城市功能区声环境总达标率为 97.75%，昼间、夜间达标率分别为 100%、95.5%，居民文教区昼间 47.0 dB，夜间 41.9 dB；混合区昼间 52.2 dB，夜间 47.5 dB；工业区昼间 56.4 dB，夜间 50.6 dB；交通干线两侧昼间 58.9 dB，夜间 52.6 dB。各类功能区昼间、夜间等效声级均值均符合《声环境质量标准》

（GB 3096—2008）中环境噪声限值的要求。

与 2021 年相比，濮阳市城市区域声环境质量基本保持稳定，均为较好级别；城市道路交通声环境质量未发生级别变化，保持好级别；城市功能区声环境总达标率上升 10.2 个百分点，各功能区环境噪声均满足限值要求

## 二、原因分析

2022 年，受疫情影响较大，疫情防控期间濮阳市加强了社会面管控，实施了多项保障措施，包括实行交通管控、减少人员流动、减少非生产生活必需经营活动等。城市道路交通昼间平均车流量减少了 227 辆 /h。疫情防控措施对区域声环境产生了一定影响，降低了噪声水平。

2022 年，濮阳市进一步加强环境噪声管理和防治，主要采取措施有以下几个方面：

（1）源头管理。2022 年，濮阳市规划环评及项目环评按照技术导则开展了噪声环境预测分析，并提出相应的噪声污染防治措施，开展完成率为100%。对于环评报告中未开展噪声影响分析，或者噪声污染防治措施无法满足导则、标准要求的，一律不予批复。

（2）重点整治工业固定噪声源。加大重点行业企业厂界噪声监管力度，开展大气污染防治现场核查工作的同时，对企业噪声污染状况进行核实，要求噪声污染严重的企业远离学校、居民区等声敏感区，并达标排放。全面推进城区工业企业"退城进区"，取缔、关停城区严重影响居民生活的企业，限期治理超标和扰民噪声源。严格执行《工业企业厂界环境噪声排放标准》（GB 12348—2008），对噪声不达标、居民反映强烈的噪声污染工业企业分期分批纳入限期治理计划，达到功能区标准。

（3）严格监管建筑施工噪声。实施夜间施工工地审批管理，严格审批制度，强化辖区内建筑工地的监管检查，对于夜间连续施工、施工中使用高噪声机械设备等行为，发现一起、查处一起，保持高压态势。强化日常监管，规范建筑工地依法施工，组织开展常态化督导检查，依照梯次处理办法，落实差异化管理。促进协调沟通，督促施工方合理安排施工，引导群众理解建筑项目连夜施工的必要性，切实做好双方服务工作。充分发挥科技监管效能，充分挖掘在线监控平台数据潜力，缩短发现问题、促进整改的时间，畅通问题处理机制，形成问题处理闭环，提升监管效率。

（4）加强交通运输噪声监督管理。濮阳市科学建设城市道路，拓宽车道，修建多孔隙沥青路面，加大道路洒水频次，科学设置绿化隔离带，选用抗逆

性强的树种，合理利用有限地带开发立体绿化。加大交通管理力度，完善交通法规，加强机动车监管，在交通路口设置明显限速及禁止鸣笛警示牌，严格落实限号规定，控制机动车数量和流量，对违反规定的车辆及时纠正处罚。

（5）加强社会生活噪声监督管理。一是细化社会噪声监管责任分工，分解任务目标，周密安排部署，相关部门共同开展社会生活噪声专项整治。二是联系街道、社区等部门，明确属地管辖，督促管理单位加强社会生活噪声防治的宣传、教育、劝导和日常巡查。三是梳理重点工作，开展集中整治，对社会生活噪声扰民报警警情、市民举报进行梳理排查，通过劝导、执法等多种措施集中力量开展整治，对不接受教育、不听劝阻、不纠正产生噪声污染行为的，依法坚决予以处罚或取缔。四是开展"绿色护考"行动，强化噪声污染防治督导检查，增加执法频次，扩大监管范围，组织监督执法人员实时监控居民集聚区和考场周围的工业企业、建筑工地、城区娱乐场所等噪声敏感源污染情况，保障考生声环境需求。五是强化科技支撑，加大对在街道、广场、公园等公共场所声环境质量监测站点布设、调整，动态掌握噪声数据变化情况，针对重点区域噪声污染突出问题，第一时间组织执法人员对噪声扰民行为进行劝阻、调解或处罚。

（6）构建社会共治良好局面。2022年，濮阳市组织开展《中华人民共和国噪声污染防治法》（简称《噪声法》）宣贯培训会，深入学习《噪声法》内容，结合世界环境日、全国低碳日等主题活动，综合采用现场互动、媒体合作等方式，对噪声扰民危害、噪声污染防治法和相关工作进行宣传，宣传现场设置展板4个，环保志愿者向广大群众发放《噪声法》宣传册800余份，为广大群众讲解噪声危害及噪声污染防治知识，增强单位和个人在中考、高考期间噪声污染管控的自律意识和行动自觉。充分发挥公众参与和社会监督作用，利用广播、电视、微博、公众号等新闻媒体，发布严控噪声污染的通知，倡导群众在重点时段采用公共交通工具出行，红白喜事等活动禁鸣电子鞭炮。

# 第八章　生态环境质量

## 第一节　评价标准与方法

### 一、评价标准

《区域生态质量评价办法（试行）》（环监测〔2021〕99 号）。

### 二、评价方法

#### （一）现状评价

按照区域生态质量评价指标体系，包括生态格局、生态功能、生物多样性和生态胁迫 4 个一级指标，下设 11 个二级指标、18 个三级指标，采用生态格局、生态功能、生物多样性和生态胁迫的值和权重，计算生态质量指数（ecological quality index，EQI），根据生态质量指数对区域生态质量进行综合评价。

#### （二）对比分析

根据生态环境指数与基准值的变化情况，用于年际间生态质量变化对比分析。

## 第二节　现状评价

2022 年，濮阳市 EQI 现状值为 44.80，生态质量分类为三类，自然生态系统覆盖比例一般、受到一定程度的人类活动干扰、生物多样性丰富度一般、生态结构完整性和稳定性一般、生态功能基本完善。华龙区、清丰县、南乐县、范县、台前县和濮阳县的生态质量指数均 $40 \leqslant EQI < 55$，类别均为三类，县（区）EQI 现状值和分类见表 2-8-1 和图 2-8-1。

表 2-8-1　2022 年濮阳市生态质量指数和分类描述

| 县（区）名称 | 生态质量指数（EQI） | 类别 | 描述 |
|---|---|---|---|
| 华龙区 | 43.43 | 三类 | 自然生态系统覆盖比例一般，受到一定程度的人类活动干扰，生物多样性丰富度一般，生态结构完整性和稳定性一般，生态功能基本完善 |
| 清丰县 | 45.54 | 三类 | |
| 南乐县 | 42.92 | 三类 | |
| 范县 | 45.14 | 三类 | |
| 台前县 | 48.04 | 三类 | |
| 濮阳县 | 44.32 | 三类 | |

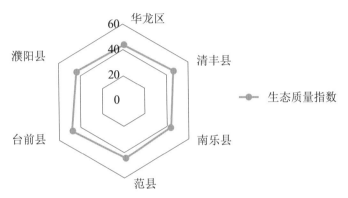

图 2-8-1　2022 年濮阳市各县区生态质量指数

# 第三节　对比分析

对比分析 2021 年与 2022 年濮阳市生态质量指数（EQI）现状值的变化情况。濮阳市生态环境质量变化为 -0.37（-1 < ΔEQI < 1），即与 2021 相比，濮阳市生态环境质量基本稳定。华龙区、清丰县、南乐县、范县、台前县和濮阳县生态环境质量基本稳定，见表 2-8-2 和图 2-8-2。

表 2-8-2　2021—2022 年濮阳市生态环境质量变化

| 县（区）名称 | 2021 年 EQI | 2021 年类别 | 2022 年 EQI | 2022 年类别 | ΔEQI | 变化等级 |
|---|---|---|---|---|---|---|
| 华龙区 | 43.63 | 三类 | 43.43 | 三类 | -0.20 | 基本稳定 |
| 清丰县 | 45.41 | 三类 | 45.54 | 三类 | 0.13 | 基本稳定 |
| 南乐县 | 42.61 | 三类 | 42.92 | 三类 | 0.31 | 基本稳定 |
| 范县 | 45.95 | 三类 | 45.14 | 三类 | -0.81 | 基本稳定 |

续表 2-8-2

| 县（区）名称 | 2021 年 EQI | 2021 年类别 | 2022 年 EQI | 2022 年类别 | ΔEQI | 变化等级 |
|---|---|---|---|---|---|---|
| 台前县 | 47.93 | 三类 | 48.04 | 三类 | 0.11 | 基本稳定 |
| 濮阳县 | 45.27 | 三类 | 44.32 | 三类 | −0.95 | 基本稳定 |

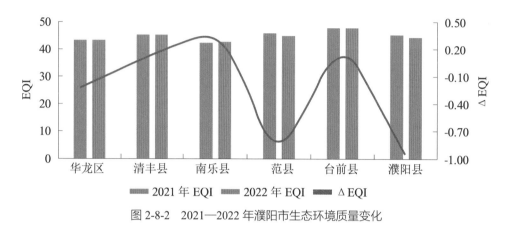

图 2-8-2　2021—2022 年濮阳市生态环境质量变化

# 第四节　小结和原因分析

## 一、小结

2022 年，濮阳市生态质量指数（EQI）为 44.80，生态质量分类为三类，自然生态系统覆盖比一般、受到一定程度的人类活动干扰、生物多样性丰富度一般、生态结构完整性和稳定性一般、生态功能基本完善。与 2021 年相比，濮阳市生态环境质量基本稳定。

## 二、原因分析

濮阳市生态环境质量较 2021 年保持基本稳定，自然生态系统覆盖比例一般、受到一定程度的人类活动干扰、生物多样性丰富度一般、生态结构完整性和稳定性一般、生态功能基本完善。近年来，濮阳市不断融入国家战略，战略工程实现突破，编制《濮阳市黄河流域生态环境保护规划》，科学谋划重点项目，对黄河流域生态保护重点任务实施台账管理。发布濮阳市"三线一单"实施方案，推动黄河流域生态保护红线、环境质量底线、自然资源利用上线和生态环境准入清单落地见效，通过各项措施的实施，在一定程度上保持了生态环境状况。

三、展望与规划

（1）基于目前的生态环境质量状况指数评价体系较少结合到空气环境质量，可引入空气环境质量作为考核生态环境的指标之一，赋予权重，纳入考核。

（2）濮阳市生态环境建设空间潜力巨大，可以利用交通绿色干道、工业建设绿化、居民区绿化、退耕还林还草等方式增加植被面积。在现有的绿化面积上，还可筛选植被种类，提高林地质量。

（3）统筹生态环境建设，建立长效生态效益补偿制度。按照"谁受益、谁补偿、谁破坏、谁恢复"的原则，运用经济、法律等行政手段，建立生态效益补偿制度。

（4）建立生态环境预警机制体系。严选指标，制定体系，定期编制预警报告，对生态环境质量评价较靠后的县（区）进行提醒和采取限制措施。

（5）继续加强对市内流域生态管理。对地表水和地下水等重点污染物进行严密监测，对于污水处理厂等，要求做好雨污分流和污水收集工作，做好应收尽收，不断提高污水治理效率和质量，提升污水资源化利用率。

# 第九章　农村环境质量

## 第一节　评价标准与方法

### 一、评价标准

（1）《环境空气质量标准》（GB 3095—2012）、《环境空气质量指数（AQI）技术规定（试行）》（HJ 633—2012）。

（2）《地下水质量标准》（GB/T 14848—2017）。

（3）《地表水环境质量标准》（GB 3838—2002）、《地表水环境质量评价办法（试行）》（环办〔2011〕22 号）。

（4）《土壤环境质量 农用地土壤污染风险管控标准（试行）》（GB 15618—2018）。

（5）《农田灌溉水质标准》（GB 5084—2021）。

（6）《城镇污水处理厂污染物排放标准》（GB 18918—2002）、河南省《农村生活污水处理设施水污染物排放标准》（DB 41/1820—2019）、《河南省黄河流域水污染物排放标准》（DB 41/2087—2021）。

（7）《全国农村环境质量试点监测技术方案》（环发〔2014〕125号）。

（8）《农村环境质量综合评价技术规定》（修订征求意见稿）。

### 二、评价因子

**（一）村庄环境空气**

二氧化硫、二氧化氮、$PM_{10}$、$PM_{2.5}$、臭氧、一氧化碳，共6项。

**（二）农村万人千吨饮用水水源地水质**

色、嗅和味、浑浊度、肉眼可见物、pH、总硬度、溶解性总固体、硫酸盐、氯化物、铁、锰、铜、锌、铝、挥发酚、阴离子表面活性剂、耗氧量、氨氮、硫化物、钠、总大肠菌群、菌落总数、亚硝酸盐、硝酸盐、氰化物、氟化物、碘化物、汞、砷、硒、镉、铬（六价）、铅、三氯甲烷、四氯化碳、苯、甲苯、总 α 放射性、总 β 放射性，共39项。

**（三）县域地表水水质**

水温、pH、溶解氧、化学需氧量、高锰酸盐指数、五日生化需氧量、氨氮、总磷、总氮、氟化物、粪大肠菌群、石油类、挥发酚、铜、锌、硒、砷、汞、镉、铬（六价）、铅、氰化物、阴离子表面活性剂、硫化物，共24项。

**（四）村庄周边土壤**

pH、阳离子交换量、镉、汞、砷、铅、铬、铜、镍、锌，共10项。

**（五）农田灌溉水质**

水温、pH、阴离子表面活性剂、五日生化需氧量、化学需氧量、悬浮物、全盐量、氯化物、硫化物、总汞、总镉、总砷、铬（六价）、总铅、粪大肠菌群，共15项。

**（六）农村生活污水处理设施出水水质**

水温、化学需氧量、氨氮、pH、五日生化需氧量、悬浮物、总磷、粪大肠菌群、总氮、动植物油，共10项。

**（七）农业面源污染控制断面水质**

化学需氧量、高锰酸盐指数、氨氮、总磷、总氮、硝酸盐，共6项。

## 三、监测频次

（1）村庄环境空气：连续每天。

（2）农村万人千吨饮用水水源地水质：1次/半年，2次/年。

（3）县域地表水水质：1次/季度，4次/年。

（4）村庄周边土壤：1次/年。

（5）农田灌溉水质：1次/半年，2次/年。

（6）农村生活污水处理设施出水水质：1次/半年，2次/年。

（7）农业面源污染控制断面水质：1次/季度，4次/年。

## 四、评价方法

农村环境要素采用的评价方法为综合指数法，是将评价单元分解为若干子系统，对各子系统分别选取有代表性的评价项目，将其表现程度进行等级划分，并给出归一化系数，将同一子系统内各评价项目的指标按权重进行叠加，得出该子系统评价指数，再将各子系统评价指数按权重叠加，得出每个评价单元的环境质量指数，然后综合分析各单元的指数情况，进行区域环境质量的总体评价的方法。

农业面源污染评价采用内梅罗综合指数评价法，是根据每个断面各指标浓度确定单项污染指数，再根据单项污染指数计算断面的地表水质平均指数和地表水最大值指数，得出该断面的内梅罗指数，年度评价采用断面各指标浓度的算术平均值进行评价，县域内所有断面内梅罗指数的算术平均值为该县域的内梅罗综合指数值，根据县域的内梅罗综合指数值分析被评价区域的种植、养殖和农村生活集聚区的地表水因农业面源导致的污染程度。

# 第二节　现状评价

## 一、农村村庄监测情况

2022 年，濮阳市选取了 6 个县级行政区划中的 6 个村庄开展农村生态环境状况监测。具体村庄是：南乐县寺庄乡豆村、台前县夹河乡姜庄村、华龙区岳村乡石佛店村、濮阳县五星乡葛丘村、范县陈庄镇杨楼村、清丰县城关镇孙庄村。其中，台前县夹河乡姜庄村为国家重点监控村庄，另 5 个为地方重点监控村庄。

农村环境监测以县域为基本单元，包括农村环境状况和农业面源污染两个方面。其中，农村环境状况包括环境空气质量、万人千吨饮用水水源地水质、地表水水质、土壤环境质量、农田灌溉水质以及农村生活污水处理设施出水水质。

2022 年，濮阳市农村环境监测工作共计 6 个环境空气监测点位、95 个地下饮用水水源监测点位、8 个地表水监测断面、6 个土壤监测点位、9 个农田灌溉水监测点位、39 个农村生活污水处理设施监测点位、12 个农业面源污染监测点位。

监测村庄点位分布见图 2-9-1，县域地表水监测断面分布见图 2-9-2。监

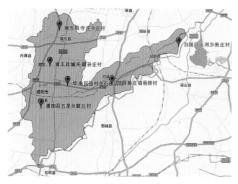

图 2-9-1　农村环境质量监测村庄点位
分布示意

图 2-9-2　县域地表水监测断面
分布示意

测村庄信息见表 2-9-1。

表 2-9-1　濮阳市农村环境质量监测村庄信息

| 所在市 | 所在县（区） | 村庄名称 | 村庄类型 | 监控类型 | 经纬度 |
|---|---|---|---|---|---|
| 濮阳市 | 南乐县 | 寺庄乡豆村 | 种植型 | 地方 | 115.1661° E，36.1008° N |
| | 台前县 | 夹河乡姜庄村 | 旅游型 | 国家 | 116.0421° E，36.0081° N |
| | 华龙区 | 岳村乡石佛店村 | 种植型 | 地方 | 115.2276° E，35.7806° N |
| | 濮阳县 | 五星乡葛丘村 | 其他型 | 地方 | 115.0261° E，35.6500° N |
| | 范县 | 陈庄镇杨楼村 | 种植型 | 地方 | 115.5561° E，35.7836° N |
| | 清丰县 | 城关镇孙庄村 | 其他型 | 地方 | 115.0947° E，35.8903° N |

## 二、农村环境状况评价

2022年，濮阳市农村环境状况指数（$I_{env}$）为56。农村环境状况级别为一般，环境轻度污染，较适合生活和生产，但有不适合人类生活的制约性因子出现。

### （一）环境空气质量评价

2022年对濮阳市华龙区岳村乡石佛店村、清丰县城关镇孙庄村、南乐县寺庄乡豆村、范县陈庄镇杨楼村、台前县夹河乡姜庄村、濮阳县五星乡葛丘村的环境空气质量进行了监测，有效监测天数为2 181 d，其中环境空气质量指数（AQI）达标天数为1 655 d，达标率为75.9%。2022年，濮阳市农村村庄环境空气质量级别优、良、轻度污染、中度污染、重度污染、严重污染所占比例分别为16.0%、59.9%、17.0%、5.0%、2.0%、0.1%。农村环境空气平均质量指数为83，指数范围为16～355，空气质量指数级别为二级，空气质量所属类别为良。

### （二）万人千吨饮用水水源地水质评价

2022年濮阳市农村万人千吨饮用水水源地共计有效监测点位95个，根据单因子评价法，全年有效监测频次183次，达标频次24次，达标率为13.1%；主要污染指标为氟化物、溶解性总固体、硫酸盐、总硬度、钠、氯化物、锰。根据水质年度评价法，2022年农村万人千吨饮用水水源地达标点位共计4个，分别为范县濮城镇地下水井群、南乐县寺庄乡北渠头村地下水型水源地、南乐县张果屯镇地下水型水源地、濮阳县胡状镇董楼胡状村地下水型水源地，其余91个点位均不达标。

### （三）县域地表水水质评价

2022年共监测8个县域地表水断面，分别为马颊河在华龙区的入境断面：戚城屯桥；马颊河在清丰县的入境断面：马庄桥水闸；马颊河在南乐县的入、出境断面：西吉七、南乐水文站；金堤河在濮阳县的入、出境断面：濮阳大韩桥、宋海桥；金堤河在台前县的入、出境断面：子路堤桥、贾垓桥（张秋），全年共监测32次。2022年，濮阳市农村县域地表水水质类别为Ⅲ类，水质达标率为25%，年均值不达标的断面为马颊河马庄桥水闸、马颊河南乐西吉七、金堤河子路堤桥、金堤河贾垓桥（张秋）、金堤河濮阳大韩桥和金堤河宋海桥，主要超标污染物为氨氮、五日生化需氧量、石油类等。

### （四）周边土壤环境质量评价

2022年村庄周边土壤环境质量监测分别在清丰县孙庄村的基本农田、果园、饮用水水源地周边各布设 1 个监测点位，在范县杨楼村的基本农田、果园、饮用水水源地周边各布设 1 个监测点位，共计 6 个土壤监测点位。6 个点位均属于污染风险低，评价等级均为Ⅰ级，村庄土壤污染等级为Ⅰ级的占 100%。

### （五）农田灌溉水质评价

2022 年共监测 9 个农田灌溉水质点位，共监测 18 次。2022 年，濮阳市农田灌溉水质达标点位共计 2 个，分别为南乐县第二濮清南张胡庄和范县彭楼灌区，农田灌溉水质达标率为 22.2%。不达标点位共计 7 个，分别为范县邢庙灌区、范县于庄灌区、台前县满庄闸取水口、台前县影唐闸取水口、台前县王集闸取水口、濮阳县王称堌镇马张庄和濮阳县渠村灌区，农田灌溉水质超标率为 77.8%。主要污染指标为悬浮物。

### （六）农村生活污水处理设施出水水质评价

2022 年濮阳市农村生活污水处理设施共设 39 个监测点位，农村生活污水处理设施正常运行 12 个，农村生活污水处理设施正常运行率为 30.8%。农村生活污水处理设施达标点位共计 8 个，农村生活污水处理设施出水水质达标率为 66.7%。不达标点位共计 4 个，分别为台前县后方乡北张后方乡污水处理站、台前县侯庙镇许集村许集污水处理站、台前县侯庙镇宋坑村宋坑污水处理站、台前县夹河乡沙湾村沙湾污水处理厂，农村生活污水处理设施出水水质超标率为 33.3%。主要污染指标为总磷、化学需氧量、氨氮。

### （七）农业面源污染控制断面水质评价

2022 年在清丰县、范县、濮阳县、南乐县、台前县共监测农业面源污染断面 12 个。根据县域内农业面源污染评价方法和污染状况分级确定 2022

年濮阳市县域内 5 个县的农业面源污染等级，濮阳县、台前县农业面源污染等级为污染，清丰县、范县、南乐县农业面源污染等级为重污染。

# 第三节　对比分析

## 一、农村环境空气质量年度对比

2022 年，濮阳市农村环境空气质量指数（AQI）为 83，空气质量指数范围为 16 ～ 355，空气质量指数级别为二级，空气质量所属类别为良，优、良天数所占百分比为 75.9%。2021 年，濮阳市农村环境空气质量指数（AQI）为 89，空气质量指数范围为 17 ～ 500，空气质量指数级别为二级，空气质量所属类别为良，优、良天数所占百分比为 71.9%。与 2021 年相比，2022 年濮阳市农村环境空气质量级别无变化，空气质量所属类别均为良，优、良天数所占百分比升高 4 个百分点。农村环境空气质量年度变化见表 2-9-2。

表 2-9-2　2021—2022 年濮阳市农村环境空气质量年度变化

| 监测时间 | 空气质量指数范围 | 空气质量指数 | 空气质量指数级别 | 空气质量所属类别 |
|---|---|---|---|---|
| 2021 年 | 17 ～ 500 | 89 | 二级 | 良 |
| 2022 年 | 16 ～ 355 | 83 | 二级 | 良 |

## 二、农村万人千吨饮用水水源地水质年度对比

2022 年，农村万人千吨饮用水水源地水质类别为Ⅳ类，水质达标率为 13.1%（频次达标率）。2021 年，农村万人千吨饮用水水源地水质类别为Ⅳ类，水质达标率为 4.6%（年均值达标率）。与 2021 年相比，2022 年濮阳市农村地下饮用水水源地水质类别无变化。农村地下饮用水水源地水质年度变化见表 2-9-3。

表 2-9-3　2021—2022 年濮阳市农村地下饮用水水源地水质年度变化

| 监测时间 | 农村地下饮用水水源地水质类别 | 水质达标率 /% |
|---|---|---|
| 2021 年 | Ⅳ类 | 4.6 |
| 2022 年 | Ⅳ类 | 13.1 |

### 三、县域地表水水质年度对比

2022 年,濮阳市农村县域地表水水质类别为Ⅲ类,水质达标率为25.0%。2021 年,濮阳市农村县域地表水水质类别为Ⅴ类,水质达标率为12.5%。与 2021 年相比,2022 年濮阳市农村县域地表水水质变好,水质类别由Ⅴ类变为Ⅲ类,水质达标率上升 12.5 个百分点。农村县域地表水水质年度变化见表 2-9-4。

表 2-9-4　2021—2022 年濮阳市农村县域地表水水质年度变化

| 监测时间 | 农村县域地表水水质类别 | 水质达标率 /% |
| --- | --- | --- |
| 2021 年 | Ⅴ类 | 12.5 |
| 2022 年 | Ⅲ类 | 25.0 |

### 四、农村土壤环境质量年度对比

2022 年,濮阳市农村土壤环境质量评价等级为Ⅰ级,污染评价结果为污染风险低。2021 年,濮阳市农村土壤环境质量评价等级为Ⅰ级,污染评价结果为无污染。与 2021 年相比,2022 年濮阳市农村土壤环境质量无明显变化。农村土壤环境质量年度变化见表 2-9-5。

表 2-9-5　2021—2022 年濮阳市农村土壤环境质量年度变化

| 监测时间 | 评价等级 | 评价结果 |
| --- | --- | --- |
| 2021 年 | Ⅰ级 | 无污染 |
| 2022 年 | Ⅰ级 | 污染风险低 |

### 五、农田灌溉水质年度对比

2022 年,濮阳市农田灌溉水质达标率为 22.2%。2021 年,濮阳市农田灌溉水质达标率为 11.1%。与 2021 年相比,2022 年濮阳市农田灌溉水质达标率上升 11.1 个百分点。农田灌溉水质年度变化见表 2-9-6。

表 2-9-6　2021—2022 年濮阳市农田灌溉水质年度变化

| 监测时间 | 水质达标率 /% |
| --- | --- |
| 2021 年 | 11.1 |
| 2022 年 | 22.2 |

## 六、农村生活污水处理设施出水水质年度对比

2022 年，濮阳市农村生活污水处理设施正常运行率为 30.8%，出水水质达标率为 66.7%。2021 年，濮阳市农村生活污水处理设施正常运行率为 17.9%。与 2021 年相比，2022 年濮阳市农村生活污水处理设施正常运行率上升 12.9 个百分点。农村生活污水处理设施出水水质年度变化见表 2-9-7。

表 2-9-7　2021—2022 年濮阳市农村生活污水处理设施出水水质年度变化

| 监测时间 | 农村生活污水处理设施正常运行率 /% | 水质达标率 /% |
| --- | --- | --- |
| 2021 年 | 17.9 | —— |
| 2022 年 | 30.8 | 66.7 |

## 七、农村环境状况指数年度对比

2022 年，濮阳市农村环境状况指数（$I_{env}$）为 56，与 2021 年相比，农村环境状况指数变化度为 -7，濮阳市农村环境状况略微变差。农村环境状况年度变化见表 2-9-8。

表 2-9-8　2021—2022 年濮阳市农村环境状况年度变化

| 监测时间 | 农村环境状况指数（$I_{env}$） | 农村环境状况级别 |
| --- | --- | --- |
| 2021 年 | 63 | 一般 |
| 2022 年 | 56 | 一般 |

## 八、农业面源污染控制断面水质年度对比

2022 年，濮阳市县域农业面源污染内梅罗综合指数值为 3.6，污染等级为重污染。2021 年，濮阳市县域农业面源污染内梅罗综合指数值为 3.0，污染等级为重污染。与 2021 年相比，2022 年濮阳市县域农业面源污染内梅罗综合指数值变化值为 0.6，濮阳市县域农业面源污染明显加重。农业面源污染控制断面水质年度变化见表 2-9-9。

表 2-9-9　2021—2022 年濮阳市农业面源污染控制断面水质年度变化

| 监测时间 | 内梅罗综合指数 | 评价等级 |
| --- | --- | --- |
| 2021 年 | 3.0 | 重污染 |
| 2022 年 | 3.6 | 重污染 |

# 第四节　小结和原因分析

## 一、小结

2022年，濮阳市农村环境状况指数（$I_{env}$）为56，农村环境状况级别为一般，环境轻度污染，较适合生活和生产，但有不适合人类生活的制约性因子出现。2021年，濮阳市农村环境状况指数（$I_{env}$）为63，农村环境状况级别为一般，环境轻度污染，较适合生活和生产，但有不适合人类生活的制约性因子出现。与2021年相比，2022年濮阳市农村环境状况略微变差。

2022 年，濮阳市县域农业面源污染内梅罗综合指数值为3.6，污染等级为重污染。2021 年，濮阳市县域农业面源污染内梅罗综合指数值为3.0，污染等级为重污染。与 2021 年相比，濮阳市县域农业面源污染等级不变，污染程度加重。

## 二、原因分析

2022 年，濮阳市农村环境状况指数有所降低，农村环境状况略微变差。这与农村环境要素、农村环境状况指数计算方法、农村环境状况指数评价指标权重等方面评价技术规定要求发生变化有一定的关系。濮阳市农村环境质量评价是在对农村环境要素，包括环境空气质量、饮用水水源地水质、地表水水质、土壤环境质量、农田灌溉水质以及农村生活污水处理设施出水水质等监测的基础上，选用科学的方法对农村环境质量进行综合评价，以判断农村环境质量所处的水平和变化趋势。相比 2021 年，2022 年将农村万人千吨饮用水水源地水质、农田灌溉水质以及农村生活污水处理设施出水水质等指标纳入了农村环境状况综合评价。

2022 年，濮阳市农村万人千吨地下饮用水源水质达标率较低，分析主要与氟化物、溶解性总固体、硫酸盐、总硬度等部分指标的天然地质背景值较高等原因有关。

2022 年，濮阳市农村土壤环境质量保持稳定，农村村庄基本农田、果园、饮用水水源地周边土壤监测结果显示属于污染风险低，得益于濮阳市土壤污染防治稳步实施，农用地分类管理，优先保护类耕地划为永久基本农田，严格未污染耕地保护；加快推动城镇污水管网和服务向村庄延伸覆盖，使得农村生活污水处理率达到30% 以上。

濮阳市农田灌溉水质达标率较低，分析其原因主要为：一是农田灌区引用黄河水，黄河水中悬浮物含量高，导致农田灌溉水中悬浮物超标；二是农田灌区一些污染物由于各种原因很难进行自然沉淀，容易造成水体浑浊，降低水的透明度。应加强农田水利灌排设施，防止河渠淤塞。确保向农田灌溉渠道排放处理后的各类水质，能保证其下游最接近灌溉取水点的水质符合标准。

  农业面源污染分析主要与农村传统生活习惯，农村生活垃圾、生活污水排放，农药、化肥使用，农村畜禽养殖污水排放及其他废水排放等原因有关。

# 第十章　土壤环境质量

## 第一节　监测概况

### 一、评价标准

《土壤环境质量 农用地土壤污染风险管控标准（试行）》（GB 15618—2018）。

### 二、监测点位

依据生态环境部下达的监测任务，2022 年河南省需开展土壤环境监测网基础点位和风险点位监测。其中，基础点位 222 个、一般风险点位 166 个、重点风险点位 35 个，共计 423 个点位；濮阳市监测点位包含 15 个基础点位、11 个风险点位，共计 26 个点位。

### 三、监测项目

2022 年，国家网土壤环境质量监测，监测项目分为理化指标、无机项目、有机项目和其他项目，见表 2-10-1。

表 2-10-1　2022 年濮阳市国家网土壤环境质量监测项目

| 监测时间 | 监测项目 | 农村环境状况级别 |
|---|---|---|
| 1 | 理化项目 | 土壤 pH、有机质含量、阳离子交换量 |
| 2 | 无机项目 | 砷、镉、铬、铜、铅、镍、汞和锌等 8 种元素的全量 |
| 3 | 有机项目 | 六六六总量、滴滴涕总量、多环芳烃［苊烯、苊、芴、菲、蒽、荧蒽、芘、苯并（a）蒽、䓛、苯并（b）荧蒽、苯并（k）荧蒽、苯并（a）芘、茚苯（1,2,3-c,d）芘、二苯并（a,h）蒽、苯并（g,h,i）芘］ |
| 4 | 其他项目 | 特征污染物 |

## 四、分析方法

2022 年，河南省土壤环境监测分析方法均通过 CMA（检验检测机构资质认定），见表 2-10-2。

表 2-10-2　2022 年河南省土壤监测分析方法统计

| 序号 | 监测项目 | 分析方法名称或编号 |
|------|----------|-------------------|
| 1 | pH | 《土壤检测第 2 部分：土壤 pH 的测定》（NY/T 1121.2—2006） |
| 2 | 干物质和水分 | 《土壤干物质和水分的测定重量法》（HJ 613—2011） |
| 3 | 阳离子交换量 | 《森林土壤阳离子交换量的测定》（LY/T 1243—1999） |
| 4 | 有机质 | 《土壤检测第 6 部分：土壤有机质的测定》（NY/T 1121.6—2006） |
| 5 | 镉 | 《土壤质量铅、镉的测定石墨炉原子吸收分光光度法》（GB/T 17141—1997） |
| 6 | 铬、铜、镍、铅、锌 | 《土壤和沉积物无机元素的测定波长色散 X 射线荧光光谱法》（HJ 780—2015） |
| 7 | 汞 | 《土壤质量总汞、总砷、总铅的测定原子荧光法第 1 部分：土壤中总汞的测定》（GB/T 22105.1—2008） |
| 8 | 砷 | 《土壤质量总汞、总砷、总铅的测定原子荧光法第 2 部分：土壤中总砷的测定》（GB/T 22105.2—2008） |
| 9 | 有机氯 | 《土壤和沉积物有机氯农药的测定气相色谱-质谱法》（HJ 835—2017） |
| 10 | 多环芳烃 | 《土壤和沉积物多环芳烃的测定高效液相色谱法》（HJ 784—2016） |
| 11 | 锰、钒、钴 | 《土壤和沉积物无机元素的测定波长色散 X 射线荧光光谱法》（HJ 780—2015） |
| 12 | 锑、钼 | 《土壤和沉积物 12 种金属元素的测定王水提取-电感耦合等离子体质谱法》（HJ 803—2016） |
| 13 | 石油烃 | 《土壤和沉积物石油烃（C10–C40）的测定气相色谱法》（HJ 1021—2019） |

## 五、质量控制

内部质量控制执行中国环境监测总站《国家土壤环境监测网质量体系文件》等要求，河南省生态环境监测和安全中心组织实施外部质量控制和监督检查。

## 六、土壤环境质量状况

2022 年对濮阳市的 15 个基础点位、11 个一般风险监控点位进行土壤监测，按照《土壤环境质量 农用地土壤污染风险管控标准（试行）》（GB 15618—2018）对位于农用地的 24 个点位土壤样品中的镉、汞、砷、铅、铬、铜、镍、锌、六六六、滴滴涕和苯并（a）芘进行评价，结果表明 24 个点位的所有监测因子测定值均小于土壤污染风险筛选值。

# 第二节　管理概况

2022 年，濮阳市土壤环境质量状况总体良好、国控地下水监测点位数据保持稳定、农业面源污染监督指导工作持续推进。

### 一、建设用地安全利用得到有效保障

完成 52 个重点建设用地地块和 3 个疑似污染地块土壤污染状况调查，对 1 个污染地块采取划定管控区、设立围挡、开展检测等风险管控措施。

### 二、土壤污染源头防控进一步加强

将 40 家单位纳入土壤污染重点监管单位名单，严格实施自行监测、开展隐患排查，从源头防控土壤污染；完成 4 个在产风险地块的土壤污染状况的深入调查，为采取科学管控措施提供依据。

### 三、地下水污染防治逐步推进

完成 5 个省级以上化工园区和 1 个生活垃圾填埋场地下水污染状况调查，完成 3 个国控地下水考核点位水质保持方案编制，实施全市集中式饮用水水源地地下水环境状况调查项目。

### 四、农业面源污染监督指导工作试点开展

指导南乐县开展国家级农业面源污染治理与监督指导试点，完成农业面源污染调查；指导范县完成农药废弃包装物回收处理试点。

### 五、中原油田土壤和地下水污染防治取得阶段成果

一是彻底消灭钻井泥浆池。2022 年开始，中原油田不再将井场开挖的

钻井泥浆池固化后填埋，而是将钻井泥浆统一运输到处置场所进行水泥沙分离，水送至联合站回注地下，泥沙用于烧砖或修路。二是对中原油田地下水调查基本完成。调查结果表明，中原油田的开采和生产活动对区域地下水造成一定影响，为下一步的科学管理提供依据。三是对中原油田土壤调查已经启动。

2023 年，濮阳市土壤环境质量管理持续推进中原油田土壤和地下水的污染防治。高质量完成好调查项目，摸清污染状况后，试点推进土壤和地下水风险管控或治理修复；强化重点建设用地管理。加强与自然资源等部门间信息共享、联动监管，消除未开展土壤污染状况调查就开发利用的隐患；推进地下水监测井的保护和利用，明确监测井保护的责任主体，包装谋划地下水监测网络项目，将地下水监测井统一管理和利用起来；推进农业面源污染治理与监督指导。总结对县（区）监督指导工作的经验，形成系统有效的监督方式、方法，在全市逐步推广，提高农业面源污染治理与监督指导工作的科学性与有效性。

# 第十一章　辐射环境质量

## 第一节　管理概况

放射源及射线装置使用情况：截至 2022 年年底，濮阳市在用密封放射源 354 枚，在用射线装置 484 台。

辐射应急：2022 年通过采取有效措施，加强辐射安全监管，改善了辐射安全形势，未发生一般及以上的辐射安全事故。

放射源送贮情况：2022 年濮阳市共送贮废旧闲置放射源 44 枚，做到了及时送贮，确保了全市放射源和辐射环境安全。

## 第二节　辐射环境质量状况

### 一、电离辐射环境状况

2022 年，全市的电离辐射环境质量仍然保持在天然本底水平。全市环境 γ 辐射空气吸收剂量率与其天然放射性本底调查结果相比没有明显提高，均在天然辐射本底范围内正常波动。

### 二、电磁辐射环境状况

2022 年，全市电磁辐射环境仍低于国家标准规定的公众环境限值。

### 三、饮用水水源地

2022 年，西水坡饮用水水源地水中总 α 放射性和总 β 放射性水平监测数据未发生显著变化，均满足总 α、总 β 的放射性指导值。西水坡饮用水水源地水中总 α 放射性和总 β 放射性的监测频次为一年两次。

### 四、土壤

2022 年，土壤中天然放射性核素浓度未发生显著变化。

第三篇

# 结论与建议

# 第一章　生态环境质量结论

2022 年，濮阳市城市环境空气质量、地表水环境质量持续改善，市级饮用水水源地水质保持优良，城市地下水和声环境质量等基本保持稳定。

## 一、环境空气质量持续改善

### （一）城市环境空气质量

2022 年，濮阳市城市环境空气质量级别为轻污染，首要污染物是 $PM_{2.5}$。优、良天数为 243 d，优、良天数比例为 66.6%，重度污染及以上比例为 4.1%。$PM_{10}$ 浓度年均值为 79 $\mu g/m^3$，同比下降 16.0%。$PM_{2.5}$ 浓度年均值为 53 $\mu g/m^3$，同比持平。二氧化硫浓度年均值为 10 $\mu g/m^3$，同比上升 11.1%。二氧化氮浓度年均值为 25 $\mu g/m^3$，同比下降 10.7%。一氧化碳年百分位浓度为 1.2 $mg/m^3$，同比下降 7.7%；一氧化碳浓度年均值为 0.6 $mg/m^3$，同比下降 14.3%。臭氧年百分位浓度为 168 $\mu g/m^3$，臭氧浓度同比上升 2.4%；年均值为 105 $\mu g/m^3$，同比上升 2.9%。

与 2021 年相比，2022 年城市环境空气污染程度减轻，优、良天数比例提高 1.7 个百分点，重度污染及以上比例下降 0.8 个百分点，首要污染物仍为 $PM_{2.5}$。$PM_{2.5}$、臭氧和二氧化硫污染负荷有所上升，$PM_{10}$、二氧化氮和一氧化碳稍有降低。

### （二）县（区）环境空气质量

2022 年，台前县、濮阳县和范县 3 个县环境空气质量级别均为良，华龙区、经开区、工业园区、示范区、清丰县、南乐县 6 个县（区）均为轻污染。首要污染物均是 $PM_{2.5}$。

与 2021 年相比，2022 年县（区）环境空气污染程度减轻，$PM_{2.5}$、臭氧、二氧化硫和一氧化碳污染负荷有所上升，$PM_{10}$、二氧化氮有所降低。

### （三）降尘

2022 年，城市降尘量范围为 0.8 ～ 28.5 $t/(km^2 \cdot 30\,d)$，年均值为 6.6 $t/(km^2 \cdot 30\,d)$，同比下降 33.3%，城市降尘污染程度下降。

2022 年，乡（镇）降尘量范围为 0.5 ～ 33.0 $t/(km^2 \cdot 30\,d)$，年均值为 8.7 $t/(km^2 \cdot 30\,d)$，同比上升 20.8%，乡（镇）降尘污染程度上升。

### （四）降水

2022 年，濮阳市降水 pH 在 6.58 ～ 8.24，平均 pH 为 7.17，酸雨发生率为 0。同比升高 0.04 个单位，酸雨发生率仍为 0。

## 二、地表水环境质量持续改善

2022 年，濮阳市地表水水质状况为中度污染。Ⅰ～Ⅲ类水质断面占 26.4%，劣Ⅴ类水质断面占 20.8%，地表水断面主要污染指标为总磷、化学需氧量、氨氮。

与 2021 年相比，2022 年濮阳市地表水水质状况无明显变化，Ⅰ～Ⅲ类水质断面比例升高 9.3 个百分点，劣Ⅴ类水质断面比例降低 10.6 个百分点。

## 三、饮用水水源地水质基本保持稳定

2022 年，濮阳市集中式饮用水水源地西水坡调节池和中原油田彭楼水质级别为优，李子园地下水井群水质级别为良好。与 2021 年相比，水质级别均保持一致。

2022 年，2 个县级地表饮用水水源地均为南水北调水源，清丰县和南乐县水质级别均为优。

2022 年，5 个县级地下饮用水水源地中，清丰县、南乐县、范县、台前县水质级别均为轻污染。与 2021 年相比，清丰县水质级别由优变为轻污染；南乐县、范县、台前县水质级别保持一致。

## 四、城市地下水质量不容乐观

2022 年，濮阳市地下水水质级别为较差，水质类别为Ⅳ类。水质类别符合Ⅲ类的占 44.4%，符合Ⅳ类的占 44.4%，符合Ⅴ类的占 11.1%。主要污染因子为总硬度、锰、溶解性总固体等。

与 2021 年相比，2022 年濮阳市地下水水质级别无变化。

## 五、城市声环境质量基本稳定

2022 年，濮阳市城市区域环境噪声昼间平均等效声级为 50.7 dB，级别为较好；城市道路交通噪声昼间平均等效声级为 65.0 dB，级别为好；城市功能区声环境总达标率为 97.7%，昼间、夜间达标率分别为 100%、95.5%。

与 2021 年相比，2022 年濮阳市城市区域声环境质量基本保持稳定，均为较好级别；城市道路交通声环境质量未发生级别变化，保持好级别；城市功能区声环境总达标率上升 10.25 个百分点，各功能区环境噪声均满足限值要求。

## 六、生态环境质量基本稳定

2022 年，濮阳市生态质量指数（EQI）值为 44.80，生态功能基本完善。

与 2021 年相比，2022 年濮阳市生态环境质量基本稳定。

## 七、农村环境质量基本稳定

2022 年，濮阳市农村环境状况级别为一般。

与 2021 年相比，2022 年濮阳市农村环境状况略微变差。

## 八、土壤环境质量保持稳定

2022 年，濮阳市位于农用地的 24 个点位土壤样品项目测定值均小于土壤污染风险筛选值。濮阳市土壤环境质量状况总体保持稳定。

## 九、辐射环境质量总体良好

2022 年，濮阳市电离辐射环境质量仍然保持在天然本底水平。

2022 年，濮阳市电磁辐射环境仍低于国家标准规定的公众环境限值。

## 十、政府环境质量目标完成较好

2022 年，环境空气质量目标完成情况：扣除沙尘影响后濮阳市 $PM_{10}$ 年均浓度 76 $\mu g/m^3$，完成目标；$PM_{2.5}$ 年均浓度 52 $\mu g/m^3$，完成目标；优、良天数比例 66.6%，完成目标；重度及以上污染天数比例 4.1%，未完成目标。濮阳县、清丰县、南乐县、范县、台前县、经开区、工业园区、示范区 8 个县（区）全部完成 $PM_{10}$、$PM_{2.5}$ 浓度和优良天数目标，华龙区完成 $PM_{10}$ 浓度和优良天数目标，$PM_{2.5}$ 浓度目标未完成。

2022 年，集中式饮用水水源地水质目标完成情况：濮阳市城市集中式饮用水水源地取水水质达标率为 100%，完成了政府目标。

2022 年，地表水环境质量目标完成情况：濮阳市 8 个地表水责任目标断面中，黄河刘庄、西水坡、马颊河北外环路桥、马颊河南乐水文站、金堤河子路堤桥、金堤河贾垓桥（张秋）、卫河大名龙王庙和徒骇河毕屯水质年均值分别符合Ⅱ类、Ⅰ类、Ⅴ类、Ⅲ类、Ⅳ类、Ⅴ类、Ⅲ类、Ⅳ类，均完成目标。

# 第二章 主要环境问题

## 一、总体情况

2022 年，濮阳市生态环境保护工作围绕污染防治攻坚，推动全市生态环境质量持续好转。坚持绿色低碳发展，绿色底蕴更加厚实。但污染攻坚压力大、污染治理难度大的问题依然存在，环境质量改善任务依然艰巨，生态环境保护工作依然任重道远。

## 二、大气污染防治攻坚压力大、难度大

濮阳市形成了大气污染防治齐抓共管工作合力，环境空气质量持续向好，但从全年环境空气质量改善过程及秋、冬季空气质量监测数据来看，暴露的部分问题也比较突出，主要表现如下。

### （一）PM$_{2.5}$ 浓度进入瓶颈期

濮阳市颗粒物污染水平一直处于较高水平。

随着大气污染防治攻坚的深入，空气质量改善尤其是 PM$_{2.5}$ 浓度进入瓶颈期，年度整体浓度改善幅度较小甚至持平，PM$_{2.5}$ 浓度在"168城市"和"2+26城市"中分别位居倒数第 5、倒数第 1，重污染天数还未能持续下降，距离"十四五"力争消除重污染天气的目标任务仍有不小差距，空气质量持续改善的压力极大。

### （二）臭氧污染问题未明显突破

臭氧污染已经成为继颗粒物之后的区域性主要污染。2022 年 4—10 月，濮阳市臭氧平均浓度为 131 μg/m³，因臭氧污染损失共 49 个优、良天。2022 年，濮阳市人民政府环境空气质量改善目标之一是 5—9 月臭氧超标率不超过27.5%，但该目标未完成。一方面是臭氧污染问题已经日益突出，但解决臭氧污染问题不能依靠单一管控措施，要加强 PM$_{2.5}$ 和臭氧协同控制；另一方面是氮氧化物和挥发性有机物的排放也是控制臭氧污染的前提。下一步将加快推动清丰县挥发性有机物"绿岛"项目的建成投用，尽快解决家具产业集群中小微企业治污难题，协同推进碳达峰与空气质量持续改善。

### （三）污染物传输不易抵消

濮阳市位于冀、鲁、豫三省交界和"2+26"通道城市腹地，地势低洼，秋、冬季长时间静稳、逆温、高湿的不利气象条件，本地排放叠加区域污染物传输，污染物难以消散，致使濮阳市 $PM_{2.5}$ 数值居高不下。夏、秋季沙尘远距离传输问题多发、频发，导致 $PM_{10}$ 浓度暴增，均增加城市大气污染防治管控难度。对于颗粒物时段性大气环境污染的突出问题，需关注秋、冬季和采暖期的大气污染问题的同时，更需紧盯重污染过程可能出现的高污染风险。

下一步要充分利用市、县、乡（镇）网格化监测数据，及时开展走航排查溯源，加强高值热点精细化管理，更加精准锁定污染源，帮扶指导相关企业或点位整改提升，精准、科学、有效减排。深入挖掘"一市一策"项目成果，细化重污染天气期间污染来源成分分析，提升精准管控和应急应对能力。优化绩效评级流程，强化应急减排措施清单化管理，提高差异化、科学化管控能力，力争实现"空气质量好、生产影响小"的目标。

## 三、水环境污染治理难度大，完成目标任务艰巨

2022 年，濮阳市地表水水质状况为中度污染，基于全市地表水环境自然禀赋较差，目前部分河流断面水质不能够稳定达标，水环境风险防范压力较大，水生态环境形势依然严峻。

### （一）完成"十四五"目标任务艰巨

濮阳市水资源先天禀赋不足，天然径流匮乏，水质不稳定，个别断面不能稳定达标，小沟小汊水生态环境欠佳，特别是辖区河流进入枯水期后，河流生态基流难以保障，自净能力差导致水质进一步恶化。"十四五"以来，濮阳市新增了马颊河北外环路桥和徒骇河毕屯 2 个国控断面，其中徒骇河流经南乐县东部，其支流承接南乐县生活污水，不可控因素多、水质不稳定；北外环路桥断面距市城区仅 6 km，来水皆为污水处理厂出水，缓冲距离短，与断面目标要求仍有差距，完成目标任务异常艰巨。

### （二）水污染治理基础设施薄弱

濮阳市水污染治理基础设施薄弱，城镇污水处理厂基本未配套建设尾水湿地，污水处理厂尾水直排入河，加之部分流域区域水循环不畅、水流量不足、水生态受损、水污染和环境安全隐患并存。近年来，濮阳市城区污水管网不断完善，市建成区主干道基本实现污水管网全覆盖。但市、县建成区一些次干道和支路、老旧小区、城中村、农贸市场普遍存在污雨不分现象，马颊河、老马颊河因雨污染的症结难除。

### （三）水环境风险防范压力大

濮阳市因油而建、因油而兴，是典型的化工城市，境内化工企业多，环境风险源多，涉及危险化学品种类多，水生态环境污染风险大。加之跨市界、省界河流众多，黄河、金堤河、马颊河、徒骇河均从濮阳出境至其他省份；金堤河、徒骇河部分河段属于豫、鲁两省界河，特殊的地理位置，给濮阳市带来了较大的水环境风险防范压力。

### 四、土壤环境质量总体稳定，地下水质量问题不可忽视

2022 年，濮阳市土壤方面总体状况良好，国控地下水监测点位数据稳定，受污染耕地安全利用率和污染地块安全率稳定实现双 100%，但重点建设用地安全利用还存在隐患，地下水监测井的保护和利用还不到位。

受天然地质背景值较高等原因影响，濮阳市地下水水质级别仍为较差。受天然地质以及农业农村污染及畜禽养殖等问题的影响，部分县级地下饮源和农村地下饮用水水源未达到Ⅲ类水质标准。

### 五、城市噪声问题成为管理难点，推进声环境自动监测

噪声污染逐渐成为城市管理的难点问题、群众关注的焦点问题。目前，濮阳市噪声污染防治工作取得一定成效，但面对新形势、新要求，管控仍存在漏洞，前景依然严峻。

一是管理体制不顺。《中华人民共和国噪声污染防治法》于 2022 年 6 月 5 日起施行，其内容对部分噪声污染类型的主管部门进行确定，但省级、市级层面噪声污染防治部门职责划分未有统筹性文件引领，工作中存在职责不明晰、意识仍缺位、工作难推进等问题，管控效果不理想。二是执法能力较弱。噪声污染相关部门执法能力薄弱，噪声投诉解决困难。三是污染监管较难。噪声污染界定和现场取证较难，多数噪声源为多重声源叠加超标，难以笼统地对单个声源主体实施处罚。噪声污染过程存在瞬时性特征，现场取证需污染源正在实施噪声污染的前提下，使用专业检测设备，污染源减弱难以留下明显惩处证据。

### 六、农村环境问题依然突出，农业面源污染治理与监督有待加强

2022 年，濮阳市以黄河流域干支流为重点，突出村庄生活污水治理、黑臭水体治理和饮用水水源地保护，统筹开展农村环境综合整治。但农村环境问题依然突出，农业面源污染治理与监督有待加强。一方面，农村黑臭水

体整治难度大，例如：农村黑臭水体面积较大、群众反映较为强烈、需要面对新增农村黑臭水体和农村黑臭水体返黑、返臭等问题。另一方面，乡（镇）政府驻地农村生活污水处理设施尚未全覆盖，已建成的农村生活污水处理设施有待整治提升，存在不具备运行条件等诸多待分类整治提升的问题。下一步需要各地因地制宜、稳中求进，持续推进农村生活污水治理，有序推进农村黑臭水体治理。实施农村黑臭水体分级管理，确保污水处理设施长期稳定运行。

### 七、生态环境质量相对稳定，生态体系建设有待加强

2022年，濮阳市生态质量较2021年相比基本稳定，生态环境质量相对稳定。生态环境状况与环境质量状况紧密联系，需要注意加强生态体系建设，坚持系统治理，使得生态环境质量逐步向好变化。

开展"绿盾2022"及黄河流域生态破坏问题排查整治专项行动，对历年"绿盾"发现问题整改情况及卫星遥感监测发现的疑似生态破坏问题线索开展全面排查，发掘濮阳市生物多样性保护典型案例，记录金堤河湿地生物多样性保护取得显著成效，有效提升了社会各界生物多样性保护意识。推进生态文明示范创建。指导南乐县申报创建省级生态县、濮阳县申报创建国家生态文明建设示范县，以示范创建助力生态振兴。

### 八、拓展生态环境监测领域，助力黄河流域生态保护

为统筹推进水生态监测，支撑"十四五"水生态保护与修复，拓展水生态监测能力，推进水环境治理，探索水生态修复。在现有微生物监测的基础上，积极谋划开展黄河流域水生生物种类监测，同时开拓水中生物多样性观测等业务，助力黄河流域生态保护和高质量发展。

# 第三章　对策与建议

## 一、制定总体目标和工作思路

坚持生态优先、绿色发展，协同推进降碳、减污、扩绿、增长。持续加强生态保护修复。深入推进环境污染防治。完善大气污染综合治理体系，强化多污染物协同控制，推动 $PM_{2.5}$、$PM_{10}$ 浓度持续下降，优、良天数比持续提升。统筹水资源、水环境、水生态治理，确保国（省）控地表水断面稳定达标。严格土壤污染源头风险防控，确保土壤环境安全，保证受污染耕地安全利用率和污染地块安全率达100%。

## 二、重点提升大气污染攻坚成效

一是加强高值热点精细化管理。严格落实高值热点管理机制，构建闭环管理体系，实行分级精细化管理。强化数据分析评估，充分利用监测数据，加强车载导航、激光雷达、无人机等技术手段应用，提升高值热点预报预警和污染溯源能力。

二是强化工业企业深度治理。开展简易低效 VOCs 治理设施清理整治，对采用单一治理技术且无法稳定达标的，加快推进升级改造。全面排查物料储存、转移输送等环节无组织排放情况，对达不到要求的开展整治。实施低效治理设施提升改造工程，对脱硫、脱硝等治理设施开展排查。

三是提高重污染天气联合应对成效。加强重污染天气应对能力建设，深化重污染天气来源成因研究，及时开展应急响应效果评估，系统总结各环节执行情况和成效。优化绩效分级指标，强化应急减排措施清单化管理。

四是推进减污降碳协同增效。开展传统产业集群升级改造，分析产业发展定位，结合产业集群实际，加快推动清丰县挥发性有机物"绿岛"项目建成投用，尽快解决家具产业集群中小微企业治污难题，逐步实现区域集中提升。

## 三、深化水污染防治攻坚治理

聚焦 2023 年度目标，坚持精准治污、科学治污、依法治污，持续深入打好碧水保卫战。坚持"三水统筹",推动重要江河湖库生态保护治理,逐步实现治标向治本转变。巩固提升工业、农业、城乡各类污染物减排成效,补齐面源污染防治短板。

一是紧盯目标任务。紧盯各断面水质数据,及时提醒,科学谋划,做好参谋,同时强力推动各专项行动问题整改。

二是严格考核制度。将项目谋划、问题整改等重要工作纳入水环境质量考核,并严格实施,对未完成目标的断面严格实施限期达标及对其汇水范围限批。

三是加大项目谋划力度。进一步与高等科研院所密切合作,更精准地发现濮阳市水环境存在的问题,并科学谋划项目,不断完善濮阳市基础设施建设,以推动水环境质量的改善。

四是加强水环境风险防控。持续开展环境安全隐患排查整治,实行共河共治,完善闸坝调度机制,避免发生重特大跨界水污染事故。

## 四、强化土壤污染防治

继续打好净土保卫战,强化源头防控,开展新污染物治理,用好土壤和地下水污染防治项目成果,掌握土壤污染状况,确保土壤环境安全。

一是持续推进中原油田土壤和地下水污染防治。高质量完成好调查项目,摸清污染状况后,试点推进土壤和地下水风险管控或治理修复。

二是强化重点建设用地管理。加强与自然资源等部门间信息共享、联动监管,消除未开展土壤污染状况调查就开发利用的隐患。

三是推进地下水监测井的保护和利用。明确监测井保护的责任主体,包装谋划地下水监测网络项目,将地下水监测井统一管理和利用起来。

四是推进农业面源污染治理与监督指导。总结南乐县经验,在全市逐步推广。

## 五、加大噪声污染防治工作力度

加大噪声污染防治工作力度,着力解决群众反映强烈的难点、痛点问题,积极改善声环境质量,着力打造宁静舒适的城市环境。

一要落实法定责任。要厘清部门职责,履行监管责任,加强协同配合,形成工作合力,按照责任分工,推动各自领域内噪声污染监管,切实形成政府、企业、个人等主体共同参与治理的责任体系和治理格局,推动解决污染问题突出、群众反映强烈的噪声污染问题,推动声环境质量改善。

二要加强执法监督。将噪声污染防治执法活动纳入执法检查计划,创新监管手段和机制,严格依法查处违法行为。加强部门关联执法,以及与司法机关的沟通协调,建立健全衔接联动机制,提高执法效能和依法行政水平。

三要强化能力建设。加快监测能力建设,完善噪声监测体系,加强对噪声投诉较多的敏感区域监测,提升噪声监测自动化、信息化能力。加快技术力量建设,建立专业化噪声污染防治技术人员队伍,提升污染防治工作水准和效率。要加快科技攻关建设,针对污染问题突出、群众反映强烈的问题,加强技术攻关,科学合理高效地解决噪声污染难题。

四要加强宣传引导。持续加大法律宣传教育普及力度,推动宣传工作进企业、进社区、进校园、进机关,切实增强公众噪声污染防治意识,形成人人参与的噪声污染防治氛围,让全社会共享和谐宁静的环境。

## 六、大力推进农村生态环境保护

打好农业农村污染治理标志性战役,科学推进农村生活污水治理,加强农业面源污染监督指导,力争 2023 年年底前,乡(镇)政府驻地基本实现农村生活污水处理设施全覆盖,完成村庄整治。深入开展农村环境整治,强化项目谋划及资金监管,积极拓展融资渠道,健全长效管护机制,加强与人居环境整治提升工作衔接,确保村庄整治成效;指导各地因地制宜、稳中求进推进农村生活污水治理;有序推进农村黑臭水体治理,推动建立排查结果社会公示制度,动态更新监管清单。实施农村黑臭水体分级管理,实行"拉条挂账,逐一销号"。

推广整县打包模式,尽快建立完善有制度、有标准、有队伍、有经费、有督查的农村生活污水治理长效运营机制。建立多元化资金投入机制,统筹安排乡村振兴战略领域相关财政资金,保障农村生活污水治理财政投入,加大对重点生态功能区转移支付补助力度,吸收更多社会资本以特许经营的方式参与农村生活污水治理项目。完善污水收集系统和运维机制,探索建立农村生活污水处理付费机制,确保污水处理设施长期稳定运行。

## 七、加强黄河流域生态环境保护

强化黄河流域生态保护制度体系,制定实施 2023 年濮阳市黄河流域生态环境保护工作要点,大力推进横向生态补偿机制建设,抓好中央、省生态环境保护督察涉黄河问题整改、2022 年黄河警示片涉环境污染和环境风险问题整改。

积极组织编制《濮阳市生物多样性保护规划》，组织生物多样性基础性监测。加强与湿地公园、湿地保护区等有关部门协作，开展符合濮阳市特色的生物多样性保护活动。

　　坚持项目为王，充分利用政府专项债等，持续加大项目谋划力度，尽可能多争取中央、省生态环境保护资金，为濮阳市生态环境保护工作增添动力。

　　积极推进碳达峰、碳中和，深入研究碳交易政策，发挥碳封存、碳驱油、碳利用优势，先试先行，引导新产业发展。

　　深度融入黄河流域生态保护和高质量发展战略，推动一批水源涵养、水土流失治理、绿色生态产业培育等重大工程落地，为濮阳市赢得绿色发展新机遇。

　　加快推进无废城市建设，深化与生态环境部固体废物与化学品管理技术中心合作交流，尽快出台建设方案，加快推进各类废弃物资源化利用，培育发展绿色产业，倡导绿色生产生活方式，让无废城市建设在濮阳市落地见效、开花结果。

附　录

# 监测概况

# 附录一　监测点位布设情况

## 一、环境空气

2022年，濮阳市城区环境空气共设置4个国控自动监测点位。监测的项目为二氧化硫、二氧化氮、PM₁₀、PM₂.₅、一氧化碳、臭氧。各县（区）设置有省、市控自动监测点位。监测点位分布见附表1-1。

附表1-1　濮阳市环境空气质量监测点位分布统计

| 点位级别 | 点位名称 | 二氧化硫 | 二氧化氮 | PM$_{10}$ | PM$_{2.5}$ | 一氧化碳 | 臭氧 |
|---|---|---|---|---|---|---|---|
| 国控点 | 市环保局 | 1 | 1 | 1 | 1 | 1 | 1 |
| | 油田运输公司 | 1 | 1 | 1 | 1 | 1 | 1 |
| | 油田物探公司 | 1 | 1 | 1 | 1 | 1 | 1 |
| | 濮水河管理处 | 1 | 1 | 1 | 1 | 1 | 1 |
| 市控点 | 经开区管委会 | 1 | 1 | 1 | 1 | 1 | 1 |
| 省控点 | 绿城实验学校 | 1 | 1 | 1 | 1 | 1 | 1 |
| 省控点 | 消防中队 | 1 | 1 | 1 | 1 | 1 | 1 |
| 省控点 | 清丰县职业技术学校 | 1 | 1 | 1 | 1 | 1 | 1 |
| 省控点 | 清丰县青少年活动中心 | 1 | 1 | 1 | 1 | 1 | 1 |
| 市控点 | 清丰县产业区 | 1 | 1 | 1 | 1 | 1 | 1 |
| 省控点 | 南乐县图书馆 | 1 | 1 | 1 | 1 | 1 | 1 |
| 省控点 | 南乐县环保局 | 1 | 1 | 1 | 1 | 1 | 1 |
| 市控点 | 南乐县平邑水闸 | 1 | 1 | 1 | 1 | 1 | 1 |
| 省控点 | 范县城建局 | 1 | 1 | 1 | 1 | 1 | 1 |
| 省控点 | 范县西综合楼 | 1 | 1 | 1 | 1 | 1 | 1 |
| 市控点 | 范县陈庄 | 1 | 1 | 1 | 1 | 1 | 1 |
| 省控点 | 台前县政府 | 1 | 1 | 1 | 1 | 1 | 1 |
| 省控点 | 台前县气象局 | 1 | 1 | 1 | 1 | 1 | 1 |
| 市控点 | 台前县金堤河公园 | 1 | 1 | 1 | 1 | 1 | 1 |

续附表 1-1

| 点位级别 | 点位名称 | 二氧化硫 | 二氧化氮 | PM$_{10}$ | PM$_{2.5}$ | 一氧化碳 | 臭氧 |
|---|---|---|---|---|---|---|---|
| 省控点 | 濮阳县政府 | 1 | 1 | 1 | 1 | 1 | 1 |
| 省控点 | 濮阳县第二河务局 | 1 | 1 | 1 | 1 | 1 | 1 |
| 市控点 | 濮阳县环保局 | 1 | 1 | 1 | 1 | 1 | 1 |

## 二、降尘

2022 年，濮阳市城市降尘设置 9 个监测点位、乡（镇）降尘设置 75 个监测点位，见附表 1-2。

附表 1-2    濮阳市降尘监测点位分布统计

| 类别 | 名称 | 点位名称 | 降尘点位 / 个 | 类别 | 名称 | 点位名称 | 降尘点位 / 个 |
|---|---|---|---|---|---|---|---|
| 县（区） | 华龙区 | 油田物探公司 | 1 | 乡（镇） | 濮阳县 | 胡状镇 | 1 |
| | 清丰县 | 清丰县青少年活动中心 | 1 | | 濮阳县 | 户部寨镇 | 1 |
| | 南乐县 | 南乐县环保局 | 1 | | 濮阳县 | 郎中乡 | 1 |
| | 范县 | 范县政府综合楼 | 1 | | 濮阳县 | 梨园乡 | 1 |
| | 台前县 | 台前县政府 | 1 | | 濮阳县 | 梁庄镇 | 1 |
| | 濮阳县 | 濮阳县第二河务局 | 1 | | 濮阳县 | 柳屯镇 | 1 |
| | 经开区 | 经开区管委会 | 1 | | 濮阳县 | 鲁河镇 | 1 |
| | 示范区 | 示范区濮上广场 | 1 | | 濮阳县 | 清河头镇 | 1 |
| | 工业园区 | 工业园区管委会 | 1 | | 濮阳县 | 庆祖镇 | 1 |
| 乡（镇） | 华龙区 | 孟轲乡 | 1 | | 濮阳县 | 渠村乡 | 1 |
| | 华龙区 | 岳村镇 | 1 | | 濮阳县 | 王称堌镇 | 1 |
| | 经开区 | 胡村乡 | 1 | | 濮阳县 | 文留镇 | 1 |
| | 经开区 | 王助镇 | 1 | | 濮阳县 | 五星乡 | 1 |
| | 经开区 | 新习镇 | 1 | | 濮阳县 | 习城乡 | 1 |
| | 濮阳县 | 八公桥镇 | 1 | | 濮阳县 | 徐镇 | 1 |
| | 濮阳县 | 白堽乡 | 1 | | 濮阳县 | 子岸镇 | 1 |
| | 濮阳县 | 城关镇 | 1 | | 清丰县 | 城关镇 | 1 |
| | 濮阳县 | 海通乡 | 1 | | 清丰县 | 大流乡 | 1 |

续附表 1-2

| 类别 | 名称 | 点位名称 | 降尘点位／个 | 类别 | 名称 | 点位名称 | 降尘点位／个 |
|---|---|---|---|---|---|---|---|
| 乡（镇） | 清丰县 | 大屯乡 | 1 | 乡（镇） | 南乐县 | 杨村乡 | 1 |
| | 清丰县 | 高堡乡 | 1 | | 南乐县 | 元村镇 | 1 |
| | 清丰县 | 巩营乡 | 1 | | 南乐县 | 张果屯镇 | 1 |
| | 清丰县 | 古城乡 | 1 | | 台前县 | 城关镇 | 1 |
| | 清丰县 | 固城乡 | 1 | | 台前县 | 打渔陈镇 | 1 |
| | 清丰县 | 韩村镇 | 1 | | 台前县 | 侯庙镇 | 1 |
| | 清丰县 | 柳格镇 | 1 | | 台前县 | 后方乡 | 1 |
| | 清丰县 | 六塔乡 | 1 | | 台前县 | 夹河乡 | 1 |
| | 清丰县 | 马村乡 | 1 | | 台前县 | 马楼镇 | 1 |
| | 清丰县 | 马庄桥镇 | 1 | | 台前县 | 清水河乡 | 1 |
| | 清丰县 | 双庙乡 | 1 | | 台前县 | 孙口镇 | 1 |
| | 清丰县 | 瓦屋头镇 | 1 | | 台前县 | 吴坝镇 | 1 |
| | 清丰县 | 仙庄乡 | 1 | | 范县 | 白衣阁乡 | 1 |
| | 清丰县 | 阳邵乡 | 1 | | 范县 | 陈庄镇 | 1 |
| | 清丰县 | 纸房乡 | 1 | | 范县 | 城关镇 | 1 |
| | 南乐县 | 城关镇 | 1 | | 范县 | 高码头镇 | 1 |
| | 南乐县 | 福堪镇 | 1 | | 范县 | 龙王庄镇 | 1 |
| | 南乐县 | 谷金楼乡 | 1 | | 范县 | 陆集乡 | 1 |
| | 南乐县 | 韩张镇 | 1 | | 范县 | 濮城镇 | 1 |
| | 南乐县 | 近德固乡 | 1 | | 范县 | 王楼镇 | 1 |
| | 南乐县 | 梁村乡 | 1 | | 范县 | 辛庄镇 | 1 |
| | 南乐县 | 千口镇 | 1 | | 范县 | 颜村铺乡 | 1 |
| | 南乐县 | 寺庄乡 | 1 | | 范县 | 杨集乡 | 1 |
| | 南乐县 | 西邵乡 | 1 | | 范县 | 张庄乡 | 1 |

## 三、降水

2022 年，濮阳市大气降水设置 2 个监测点位，见附表 1-3。

附表 1-3  濮阳市大气降水监测点位分布统计

| 点位名称 | 大气降水 / 个 |
|---|---|
| 市环保局 | 1 |
| 濮阳县大韩桥 | 1 |
| 合计 | 2 |

## 四、地表水

2022 年,濮阳市 31 条主要河流、沟渠上共设置 53 个监测断面。其中,黄河流域监测 13 条河流、沟渠 18 个断面,海河流域监测 18 条河流、沟渠 35 个断面。濮阳市地表水环境质量监测断面统计见附表 1-4。

附表 1-4  濮阳市地表水环境质量监测断面统计

| 水系名称 | 河流名称 | 断面名称 | 断面数量 / 个 | 断面属性 |
|---|---|---|---|---|
| 黄河流域 | 黄河 | 刘庄 | 1 | 国控 |
| | 金堤河 | 濮阳大韩桥 | 6 | 国控 |
| | | 宋海桥 | | 市控、县级排名 |
| | | 范县金堤桥 | | 市控 |
| | | 子路堤桥 | | 省控、县级排名 |
| | | 台前县西环路桥 | | 市控 |
| | | 贾垓桥(张秋) | | 国控、县级排名 |
| | 回木沟 | 岳辛庄桥 | 1 | 市控 |
| | 三里店沟 | 三里店桥 | 1 | 市控 |
| | 五星沟 | 马寨 | 1 | 市控 |
| | 房刘庄沟 | 房刘庄沟闸 | 1 | 市控 |
| | 青碱沟 | 碱王庄桥 | 1 | 市控 |
| | 杨楼河 | 陈庄村桥 | 1 | 市控 |
| | 十字坡沟 | 孟楼闸 | 1 | 市控 |
| | 范水 | 教场闸 | 1 | 市控 |
| | 后方沟 | 后方沟闸 | 1 | 市控 |
| | 梁庙沟 | 梁庙闸 | 1 | 市控 |
| | 张庄沟 | 张庄闸 | 1 | 市控 |

续附表 1-4

| 水系名称 | 河流名称 | 断面名称 | 断面数量 / 个 | 断面属性 |
|---|---|---|---|---|
| 海河流域 | 第三濮清南 | 中原路桥 | 2 | 市控、县级排名 |
| | | 苏堤 | | 市控 |
| | 卫河 | 涨旺 | 3 | 市控 |
| | | 南乐元村集 | | 国控 |
| | | 大名龙王庙 | | 省控 |
| | 马颊河 | 濮阳西水坡 | 8 | 国控 |
| | | 金堤回灌闸 | | 市控 |
| | | 戚城屯桥 | | 市控、县级排名 |
| | | 北里商闸 | | 市控 |
| | | 马庄桥 | | 市控、县级排名 |
| | | 北外环路桥 | | 国控 |
| | | 西吉七 | | 市控、县级排名 |
| | | 南乐水文站 | | 国控、县级排名 |
| | 老马颊河 | 绿城路桥 | 1 | 市控、县级排名 |
| | 濮水河 | 人民路桥 | 2 | 市控、县级排名 |
| | | 马颊河闸 | | 市控、县级排名 |
| | 濮上河 | 安康苑 | 1 | 市控 |
| | 贾庄沟 | 宁安路桥 | 2 | 市控 |
| | | 胜利路桥 | | 市控 |
| | 潴龙河 | 东北庄 | 2 | 市控、县级排名 |
| | | 齐杨吉道 | | 市控 |
| | 顺河沟 | 孟旧寨 | 1 | 市控 |
| | 幸福渠 | 马寨联合站东 | 1 | 市控 |
| | 卫都河 | 卫都路桥 | 2 | 市控 |
| | | 金堤路桥 | | 市控 |
| | 第二濮清南 | 黄龙潭 | 2 | 市控 |
| | | 张胡庄 | | 市控 |
| | 固城沟 | 自来水公司 | 1 | 市控 |
| | 徒骇河 | 阎村 | 2 | 市控 |
| | | 毕屯 | | 国控、县级排名 |

续附表 1-4

| 水系名称 | 河流名称 | 断面名称 | 断面数量 / 个 | 断面属性 |
|---|---|---|---|---|
| 海河流域 | 永顺沟 | 污水厂 | 2 | 市控 |
| | | 大清村北桥 | | 市控 |
| | 永福沟 | 千口街 | 1 | 市控 |
| | 理直沟 | 库庄 | 1 | 市控 |
| | 八里月牙河 | 蔡紫金 | 1 | 市控 |
| 合计 | | | 53 | — |

## 五、饮用水水源地

2022 年，濮阳市集中式饮用水水源地 3 个，即西水坡、李子园地下水井群和中原油田彭楼。县级集中式饮用水水源地 7 个，即清丰县八里庄地下井群、清丰中州水务有限公司固城水厂、南乐县第二水厂地下井群、南乐县第三水厂、范县老城区地下水井群、范县新城区地下水井群、台前县自来水厂，分布统计见附表 1-5。

附表 1-5　濮阳市集中式饮用水源地分布统计

| 所在地 | 水源地（监测点名称）名称 | 数量 / 个 |
|---|---|---|
| 濮阳市 | 西水坡、中原油田彭楼、李子园地下水井群 | 3 |
| 清丰县 | 清丰中州水务有限公司固城水厂、清丰县八里庄地下井群 | 2 |
| 南乐县 | 南乐县第三水厂、南乐县第二水厂地下井群 | 2 |
| 范县 | 范县老城区地下水井群、范县新城区地下井群 | 2 |
| 台前县 | 台前县自来水厂 | 1 |

## 六、城市地下水

2022 年，濮阳市城市地下水共设置 9 个监测点位，分别为皇甫、氯碱厂、中原酿造厂、戚城、油田污水处理厂、南堤村、许村、赵村、濮阳水厂。

## 七、城市声环境

2022 年，濮阳市城市建成区环境噪声普查覆盖全城区面积约 93.12 km²，以 800 m × 800 m 方格布点方式共设置监测点位 116 个；城市道路交通声环境监测路段总长度约 209.2 km，设置监测点位 52 个；城市功能区声环境监测，设置濮阳市生态环境局（金堤路）、东城花园、绿洲风景、技师学院、龙湖公园、世外桃源、建业壹号城邦、市委党校、宏业控股集团有限公司、综合楼北、濮阳市引黄灌溉调节水库建设管理办公室共 11 个点位。

## 八、农村环境

2022 年，濮阳市农村环境监测县域是南乐县、台前县、华龙区、濮阳县、范县、清丰县，具体村庄见附表 1-6。

附表 1-6　濮阳市农村环境监测村庄分布统计

| 年度 | 村庄个数 / 个 | 村庄名称 |
|---|---|---|
| 2022 年 | 6 | 南乐县寺庄乡豆村、台前县夹河乡姜庄村、华龙区岳村乡石佛店村、濮阳县五星乡葛丘村、范县陈庄镇杨楼村、清丰县城关镇孙庄村 |

## 九、辐射环境

2022 年，濮阳市辐射环境质量监测 1 个点位。电离辐射自动监控系统、电磁辐射自动监测系统均设在濮阳市生态环境局。

## 十、政府责任目标

2022 年，濮阳市共设置地表水责任目标断面 33 个，见附表 1-7。

附表 1-7　濮阳市地表水责任目标监测断面分布统计

| 考核市（县、区） | 水源地（监测点名称）名称 | 数量 / 个 |
|---|---|---|
| 濮阳市 | 黄河刘庄、濮阳西水坡、马颊河南乐水文站、马颊河北外环路桥、徒骇河毕屯、卫河大名龙王庙、金堤河子路堤桥、金堤河贾垓桥（张秋） | 8 |
| 华龙区 | 马颊河北里商闸、老马颊河绿城路桥、濮水河马颊闸、潴龙河东北庄、贾庄沟胜利路桥 | 5 |
| 清丰县 | 马颊河西吉七、潴龙河齐杨吉道、卫河涨旺、理直沟库庄、第二濮清南张胡庄 | 5 |
| 南乐县 | 马颊河南乐水文站、徒骇河毕屯、卫河大名龙王庙、永顺沟大清村北桥、八里月牙河蔡紫金 | 5 |
| 范县 | 金堤河子路堤桥、杨楼河陈庄村桥、十字坡沟孟楼闸、范水教场闸 | 4 |

续附表 1-7

| 考核市<br>（县、区） | 水源地（监测点名称）名称 | 数量／个 |
|---|---|---|
| 台前县 | 金堤河贾垓桥（张秋）、梁庙沟梁庙闸 | 2 |
| 濮阳县 | 濮阳西水坡、马颊河戚城屯桥、金堤河宋海桥、第二濮清南黄龙潭、青碱沟碱王庄桥、贾庄沟宁安路桥 | 6 |
| 经开区 | 濮水河人民路桥、第三濮清南中原路桥、顺河沟孟旧寨 | 3 |
| 工业园区 | 幸福渠马寨联合站东 | 1 |

# 附录二　环境监测分析方法

地表水、地下水、降水、降尘和环境空气质量监测采用现行国家标准分析测定；国家地表水采测分离采用《国家地表水环境质量监测网监测任务作业指导书》（试行）中的统一分析方法。监测分析方法分别见附表 2-1~ 附表 2-3。

附表 2-1　地表水、地下水主要监测项目分析方法

| 监测项目 | 分析方法 | 检出限或测定下限 |
|---|---|---|
| 水温 | 温度计法 | — |
| pH | 电极法 | — |
| 溶解氧 | 电化学探头法 | — |
| 耗氧量、高锰酸盐指数 | 酸性法 | 0.5 mg/L |
| 五日生化需氧量 | 稀释与接种法 | 0.5 mg/L |
| 氨氮 | 纳氏试剂分光光度法 | 0.025 mg/L |
| 石油类 | 紫外分光光度法 | 0.01 mg/L |
| 挥发酚 | 4-氨基安替比林分光光度法 | 0.000 3 mg/L |
| 汞 | 原子荧光法 | 0.000 04 mg/L |
| 铅 | 石墨炉原子吸收分光光度法 | 0.002 mg/L |
| 化学需氧量 | 重铬酸盐法 | 4 mg/L |
| 总氮 | 紫外分光光度法 | 0.05 mg/L |
| 总磷 | 钼酸铵分光光度法 | 0.01 mg/L |
| 铜 | 电感耦合等离子体发射光谱法 | 0.006 mg/L |
| 锌 | 电感耦合等离子体发射光谱法 | 0.004 mg/L |
| 钠 | 电感耦合等离子体发射光谱法 | 0.12 mg/L |
| 氟化物 | 离子选择电极法 | 0.05 mg/L |
| 硒 | 原子荧光法 | 0.000 4 mg/L |
| 砷 | 原子荧光法 | 0.000 3 mg/L |
| 镉 | 石墨炉原子吸收分光光度法 | 0.000 1 mg/L |
| 铬（六价） | 二苯碳酰二肼分光光度法 | 0.004 mg/L |

续附表 2-1

| 监测项目 | 分析方法 | 检出限或测定下限 |
| --- | --- | --- |
| 氰化物 | 异烟酸吡唑啉酮分光光度法 | 0.004 mg/L |
| 阴离子表面活性剂 | 亚甲蓝分光光度法 | 0.05 mg/L |
| 硫化物 | 亚甲基蓝分光光度法 | 0.005 mg/L |
| 粪大肠菌群 | 多管发酵法 | 20 MPN/L |
| 色 | 铂钴标准比色法 | — |
| 嗅和味 | 文字描述法 | — |
| 浑浊度 | 浊度计法 | 0.3 NTU |
| 肉眼可见物 | 直接观察法 | |
| 总硬度 | EDTA 滴定法 | 0.05 mmol/L |
| 溶解性总固体 | 重量法 | |
| 氯化物 | 硝酸银滴定法 | 10 mg/L |
| 铁 | 电感耦合等离子体发射光谱法 | 0.02 mg/L |
| 锰 | 电感耦合等离子体发射光谱法 | 0.004 mg/L |
| 硝酸盐 | 离子色谱法 | 0.016 mg/L |
| 亚硝酸盐（以 N 计） | N-（1-奈基）-乙二胺光度法 | 0.003 mg/L |
| 硫酸盐 | 离子色谱法 | 0.018 mg/L |
| 总大肠菌群 | 多管发酵法 | 3 MPN/L |
| 菌落总数 | 平皿计数法 | 1 CFU/L |
| 三氯甲烷 | 吹扫捕集 / 气相色谱-质谱法 | 1.4 μg/L |
| 四氯化碳 | 吹扫捕集 / 气相色谱-质谱法 | 1.5 μg/L |
| 三氯乙烯 | 吹扫捕集 / 气相色谱-质谱法 | 1.2 μg/L |
| 四氯乙烯 | 吹扫捕集 / 气相色谱-质谱法 | 1.2 μg/L |
| 苯乙烯 | 吹扫捕集 / 气相色谱-质谱法 | 0.6 μg/L |
| 甲醛 | 乙酰丙酮分光光度法 | 0.05 mg/L |
| 苯 | 吹扫捕集 / 气相色谱-质谱法 | 1.4 μg/L |
| 甲苯 | 吹扫捕集 / 气相色谱-质谱法 | 1.4 μg/L |
| 乙苯 | 吹扫捕集 / 气相色谱-质谱法 | 0.8 μg/L |
| 二甲苯 | 吹扫捕集 / 气相色谱-质谱法 | 2.2 μg/L |
| 异丙苯 | 吹扫捕集 / 气相色谱-质谱法 | 0.7 μg/L |
| 氯苯 | 吹扫捕集 / 气相色谱-质谱法 | 1.0 μg/L |

续附表 2-1

| 监测项目 | 分析方法 | 检出限或测定下限 |
|---|---|---|
| 1,2-二氯苯 | 吹扫捕集 / 气相色谱-质谱法 | 0.8 μg/L |
| 1,4-二氯苯 | 吹扫捕集 / 气相色谱-质谱法 | 0.8 μg/L |
| 三氯苯 | 气相色谱-质谱法 | 0.046 μg/L |
| 硝基苯 | 气相色谱-质谱法 | 0.04 μg/L |
| 二硝基苯 | 气相色谱-质谱法 | 0.05 μg/L |
| 硝基氯苯 | 气相色谱-质谱法 | 0.05 μg/L |
| 邻苯二甲酸二丁酯 | 气相色谱-质谱法 | 2.5 μg/L |
| 邻苯二甲酸二（2-乙基己基）酯 | 气相色谱-质谱法 | 2.5 μg/L |
| 钼 | 电感耦合等离子体发射光谱法 | 0.02 mg/L |
| 钴 | 电感耦合等离子体发射光谱法 | 0.01 mg/L |
| 铍 | 电感耦合等离子体发射光谱法 | 0.000 3 mg/L |
| 锑 | 电感耦合等离子体发射光谱法 | 0.000 3 mg/L |
| 镍 | 电感耦合等离子体发射光谱法 | 0.02 mg/L |
| 钡 | 电感耦合等离子体发射光谱法 | 0.002 mg/L |
| 钒 | 电感耦合等离子体发射光谱法 | 0.01 mg/L |
| 硼 | 电感耦合等离子体发射光谱法 | 0.4 mg/L |

附表 2-2　环境空气自动监测分析方法

| 监测项目 | 监测方法 |
|---|---|
| 二氧化硫 | 紫外荧光法 |
| 二氧化氮 | 化学发光法 |
| 一氧化碳 | 非分散红外吸收法 |
| 臭氧 | 紫外吸收法 |
| 可吸入颗粒物（粒径小于或等于 10 μm） | β 射线法 |
| 可吸入颗粒物（粒径小于或等于 2.5 μm） | β 射线法 |

附表 2-3　降水、降尘监测分析方法

| 监测项目 | 监测方法 | 检出限 |
|---|---|---|
| pH | 玻璃电极法 | — |
| 电导率 | 电导率仪法 | — |
| 氟离子 | 离子色谱法 | 0.03 mg/L |
| 氯离子 | 离子色谱法 | 0.03 mg/L |
| 硫酸根离子 | 离子色谱法 | 0.10 mg/L |
| 硝酸根离子 | 离子色谱法 | 0.10 mg/L |
| 钾离子 | 电感耦合等离子体发射光谱法 | 0.05 mg/L |
| 钠离子 | 电感耦合等离子体发射光谱法 | 0.12 mg/L |
| 钙离子 | 电感耦合等离子体发射光谱法 | 0.02 mg/L |
| 镁离子 | 电感耦合等离子体发射光谱法 | 0.003 mg/L |
| 铵离子 | 纳氏试剂光度法 | 0.02 mg/L |
| 降尘 | 重量法 | 0.3 t/（km²·30 d） |

# 附录三　监测项目与频率

## 一、环境空气

按《环境空气质量标准》（GB 3095—2012）和环境空气质量自动监测相关技术规范执行，见附表 3-1。

附表 3-1　污染物浓度数据统计的有效性规定

| 污染物项目 | 平均时间 | 数据有效性规定 |
|---|---|---|
| 二氧化硫（$SO_2$）、二氧化氮（$NO_2$）、颗粒物（粒径小于或等于 10 μm）、颗粒物（粒径小于或等于 2.5 μm）、氮氧化物（$NO_x$） | 年平均 | 每年至少有 324 个日平均浓度值 每月至少有 27 个日平均浓度值（2 月至少有 25 个日平均浓度值） |
| 二氧化硫（$SO_2$）、二氧化氮（$NO_2$）、一氧化碳（CO）、颗粒物（粒径小于或等于 10 μm）、颗粒物（粒径小于或等于 2.5 μm）、氮氧化物（$NO_x$） | 24 h 平均 | 每日至少有 20 个小时平均浓度值或采样时间 |
| 臭氧（$O_3$） | 8 h 平均 | 每 8 h 至少有 6 个小时平均浓度值 |
| 二氧化硫（$SO_2$）、二氧化氮（$NO_2$）、一氧化碳（CO）、臭氧（$O_3$）、氮氧化物（$NO_x$） | 1 h 平均 | 每小时至少有 45 min 的采样时间 |

## 二、降尘

（1）监测因子：环境空气降尘量。

（2）监测频率：每月监测 1 次，每次采样周期 28 ~ 31 d。采样周期开始日期为每月 30 日（2 月为 28 日）至次月 1 日的一天，结束日期为下月 30 日（2 月为 28 日）至次月 1 日的一天。

## 三、降水

（1）监测因子：降水量、pH、电导率、硫酸根离子、硝酸根离子、氯离子、氟离子、钾离子、钠离子、钙离子、镁离子、铵离子。

（2）监测频率：逢雨雪必测，每天上午 9:00 到第二天上午 9:00 为一个采样监测周期。

## 四、地表水

### （一）手工监测因子

每季度第 1 个月对国控断面开展《地表水环境质量标准》（GB 3838—2002）表 1 全指标采测分离人工监测（粪大肠菌群除外）。

省控断面按照《地表水环境质量标准》（GB 3838—2002）表 1 规定的基本项目 24 项，另加测水量、电导率、流量、水位，共 28 项。

市控断面按照《地表水环境质量标准》（GB 3838—2002）表 1 规定的全指标开展人工监测（粪大肠菌群除外）。

县级排名断面监测指标为 pH、高锰酸盐指数、氨氮、总磷。

### （二）自动监测因子

水温、pH、浊度、电导率、溶解氧、高锰酸盐指数、氨氮、总磷、总氮和化学需氧量。

### （三）监测时间及频率

省控、县级排名断面手工监测每月 1 次，于月初采样。国控、省控断面每月增加 1 次加密监测。

市控断面手工监测每季度 1 次。

自动监测双周核查、单周比对，水质自动监测站，执行《国家地表水自动监测站运行管理办法》，监测频率为 4 h 1 次，根据需要可增加至 2 h 1 次。

## 五、饮用水水源地

### （一）监测因子

市级地表饮用水水源地按照《地表水环境质量标准》（GB 3838—2002）表 1 基本项目（化学需氧量除外）、表 2 补充项目共 28 项和表 3 的优选特定项目 33 项，共 61 项及每月取水量，7 月按照《地表水环境质量标准》（GB 3838—2002）表 1、表 2 和表 3 中规定的项目共 109 项；市级地下饮用水源地按照《地下水质量标准》（GB/T 14848—2017）表 1 常规指标的 39 项，7 月按照《地下水质量标准》（GB/T 14848—2017）表 1、表 2 规定的项目，共计 93 项。县级地表饮用水水源地监测指标同市级地表饮用水水源地，县级地下饮用水水源地监测指标同市级地下饮用水水源地。

### （二）监测时间、频率

市级饮用水水源地每月监测优选项目 1 次，7 月开展全分析监测 1 次，于 1—5 日采样。县级地表饮用水水源地每季度监测 1 次，县级地下饮用水水源地常规监测每半年 1 次（前后两次采样至少间隔 4 个月），每两年（第偶数年上半年）开展 1 次水质全分析监测。

## 六、城市地下水

（1）监测因子：pH、总硬度（以 $CaCO_3$ 计）、氨氮、亚硝酸盐（以 N 计）、硝酸盐（以 N 计）、氯化物、挥发酚、氰化物、氟化物、砷、汞、铬（六价）、铁、锰、铅、镉、溶解性总固体、耗氧量、硫酸盐、总大肠菌群共 20 项及水位、井深的调查。

（2）监测时间及频率：1 月、7 月各 1 次。

## 七、城市声环境

（1）监测项目：区域环境噪声、道路交通噪声、功能区噪声。

（2）监测时间及频率：区域环境噪声、道路交通噪声于 9 月监测 1 次。功能区噪声每季度监测 1 次，全年共 4 次，分别于每季度的第 2 个月的 1—20 日进行。

## 八、生态环境

（1）监测内容：宏观指标、物种指标、胁迫及其他指标。

（2）监测频次：每年监测 1 次。

## 九、农村环境

（1）监测内容：村庄环境空气、村庄周边土壤、县域地表水水质、农业面源污染控制断面。农村万人千吨饮用水水源地水质、农田灌溉水质监测、农村生活污水处理设施出水水质监测、农村黑臭水体监测。

（2）监测频次：村庄环境空气实时监测，县域地表水水质、农业面源污染控制断面、农村万人千吨饮用水水源地水质均为每季度 1 次，村庄周边土壤、农村黑臭水体监测每年 1 次，农田灌溉水质监测、农村生活污水处理设施出水水质监测每半年监测 1 次，全年 2 次。

## 十、土壤

（1）监测内容：土壤环境质量监测。

（2）监测频次：每年监测 1 次。

## 十一、辐射环境

（1）电离辐射监测项目：γ 辐射水平；电磁辐射监测项目：等效平面波功率密度。

（2）监测频次：连续 24 h。